水体对城市微气候的影响

齐学军　著

北　京
冶 金 工 业 出 版 社
2024

内 容 提 要

本书系统地介绍了目前国内外城市室外热环境研究领域的进展，采用实验和数值模拟相结合的方法，研究了城市河流和湖泊对内陆城市滨水区域微气候的影响。全书共分 7 章，主要内容包括城市微气候概论、实验设备与实验数据的测量、ENVI-met 计算机模型的建立和验证、河流对滨河空间微气候影响的数值模拟、基于数值模拟的滨河空间优化、湖泊对滨湖地区不同类型下垫面影响的实验、基于机器学习的空气温度预测。

本书可供建筑室外环境、城市热环境、能源与环境、城市生态环境等领域的科研人员、工程技术人员、城市规划人员、城市管理人员和政府有关人士阅读，也可供高等院校建筑环境与能源应用工程、风景园林、生态学及相关专业的师生参考。

图书在版编目(CIP)数据

水体对城市微气候的影响/齐学军著. —北京：冶金工业出版社，2024. 1

ISBN 978-7-5024-9710-1

Ⅰ. ①水… Ⅱ. ①齐… Ⅲ. ①水体—影响—城市气候—研究 Ⅳ. ①P463. 3

中国国家版本馆 CIP 数据核字（2024）第 004172 号

水体对城市微气候的影响

出版发行	冶金工业出版社	**电　　话**	(010)64027926
地　　址	北京市东城区嵩祝院北巷 39 号	**邮　　编**	100009
网　　址	www. mip1953. com	**电子信箱**	service@ mip1953. com

责任编辑 杜婷婷 美术编辑 彭子赫 版式设计 郑小利
责任校对 梁江凤 责任印制 禹 蕊
北京建宏印刷有限公司印刷
2024 年 1 月第 1 版，2024 年 1 月第 1 次印刷
710mm×1000mm 1/16；9 印张；155 千字；136 页
定价 63. 00 元

投稿电话 (010)64027932 投稿信箱 tougao@cnmip. com. cn
营销中心电话 (010)64044283
冶金工业出版社天猫旗舰店 yjgycbs. tmall. com
(本书如有印装质量问题，本社营销中心负责退换)

前　言

近年来，随着经济的快速发展，我国的城市化速度明显加快，城市面积不断扩大，人口数量也不断增多。同时，随着城市化的发展，城市的道路、机动车数量和高层建筑物数量等明显增加，这些变化极大地改变了城市原来的下垫面，下垫面改变会对当地的气候产生重要的影响，使夏季的城市热岛效应愈发明显。日益严峻的夏季极端高温天气，使得城市居民的生活质量和幸福指数降低。炎热的天气使空调成为人们生活必不可少的一部分，空调的大量使用造成夏季电力负荷紧张，导致能源消耗进一步加剧，也引起二氧化碳排放量的增加。空调使用的氟利昂制冷剂会对地球周围的臭氧层造成破坏，臭氧层被破坏后会丧失吸收紫外线的能力，一旦臭氧减少，照射到地球上的紫外线 B 波段（UVB）就会明显增加，紫外线的杀伤力很大，严重时将危及地球的生态环境和人类的生存，进一步加剧全球变暖现象。

在同样的太阳照射条件下，水的比热容较大，水体的温度变化较小，城市里其他类型的下垫面温度变化较大。因此，水体可以有效改善其周边的热环境。许多文献和资料的研究结果表明，城市的河流、湖泊、湿地等可以有效改变局部热环境和缓解城市热岛效应，从而降低能源的消耗，减少二氧化碳的排放，在城市热环境和节能减排方面发挥着至关重要的作用。然而，一些地方为了经济发展，造成河流和湖泊的面积不断减少，改变了当地的自然环境条件，导致河流和湖泊的热环境调节能力不断下降，进一步加剧城市热岛效应。在夏季高温天数不断增加和不消耗其他能源的情况下，研究河流和湖泊对城市热环境和人体热舒适的影响对城市的发展和城市居民生活环境的改变具有重要的意义和价值。

成渝双城经济圈是“一带一路”和长江经济带的交汇处，也是西部陆海新通道的起点，同时连接西南和西北，沟通东亚与东南亚、南亚，地理位置优越。成都是成渝经济圈的重要城市之一，成都的自然生态环境对其未来能否成为高品质生活宜居地具有重要的作用。成都属于夏热冬冷地区，城市居住人口多，建筑非常密集，同时也是拥有较多河流和湖泊的城市。成都由于地处内陆盆地之中，所以其天气特点是夏季炎热潮湿，冬季阴冷潮湿，晴天非常少。独特的地理条件使得成都的气候不同于其他夏热冬冷地区。目前，有关成都市内的河流和湖泊对其微气候影响的研究较少，河流和湖泊是如何影响周边微气候的机理仍不清楚。本书以成都市的府河和天籁湖为研究对象，采用数值模拟和实验相结合的方法，主要从空气温度、空气相对湿度、风速以及人体热舒适方面研究河流和湖泊对周围微气候环境的影响，研究结果可以为城市的改造和布局提供科学依据和支撑，有助于城市规划者采用有效的微气候调控手段提升城市居民生活的幸福感。

本书在编写过程中，参考了相关文献资料，在此向文献资料的作者表示诚挚的感谢。

由于作者水平所限，书中不足之处，恳请广大读者批评和指正。

作　者

2023 年 7 月

目　　录

1 城市微气候概论

1.1 城市微气候研究的背景

目前，随着我国经济的快速发展，人们不断涌入城市生活和工作，城市的建设与扩张进入飞速发展的阶段。近10年来，我国城镇人口数量变化情况如图1-1所示，从图中可以看到，近些年我国城镇人口数量呈现持续增加的态势。城镇人口从2013年的7.45亿人增加到2022年的9.2亿人。2023年2月，国家统计局发布《2022年国民经济和社会发展统计公报》。公报显示，2022年年末全国常住人口城镇化率为65.22%，比上年末提高0.50个百分点。

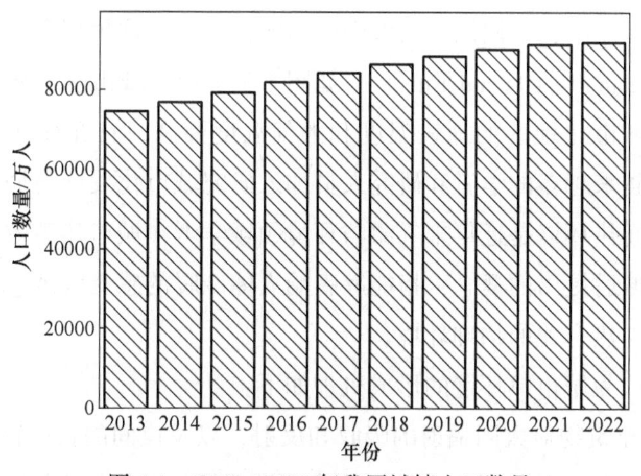

图1-1 2013—2022年我国城镇人口数量

（来源：国家统计局网站）

城市人口数量的不断增加和城市化进程的不断向前推进，造就了这些年房地产行业的繁荣。人口的增加就会带来建筑物数量的增加，这导致近些年国内的高层住宅和办公楼数量增加。近10年我国商品房的销售面积统计如图1-2所示。从图中可看到，从2016年到2021年均呈现出150000万平方米以上的销售规模。

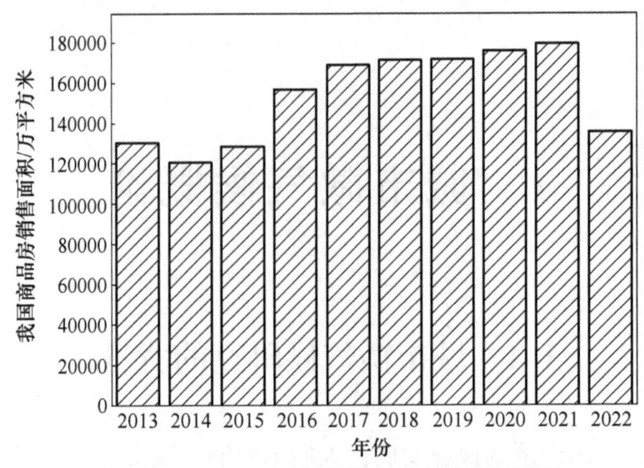

图 1-2　2013—2022 年我国商品房的销售面积
（来源：国家统计局网站）

城市人口数量、交通工具、道路和建筑物数量等的增多，引起城市的下垫面发生巨大改变。由于密集的城市建筑群、柏油路和水泥路面比郊区的土壤、植被具有更大的吸热率和更小的比热容，因此城市地区升温较快，并向四周和大气中大量辐射，造成了同一时间城区气温普遍高于周围的郊区气温。高温的城区处于低温的郊区包围之中，如同汪洋大海中的岛屿，人们把这种现象称为城市热岛效应（UHIE，Urban Heat Island Effect），如图 1-3 所示。城市热岛效应主要表现为城市比周边非城市化地区的地表温度和大气温度要高，且在夜间表现得更为明显。这吸引了越来越多的学者和研究人员加入研究城市化发展与城市热岛效应的关系。城市空间热环境是近年来气象与环境领域学者在城市热岛效应概念的基础上进行扩展延伸后提出的概念，指能够影响人体冷暖的感受程度、健康水平和人类生存发展等与热有关的物理环境。

但玻等人认为城市热环境的形成机理如下：

（1）人工建筑物对太阳辐射的吸收和反射，以及夜间的长波辐射；

（2）城市下垫面的不透水特性，造成蒸发消耗的潜热量小，对空气的增温作用显著；

（3）密集的城市建筑物使城市通风不良，不利于热量扩散；

（4）城市居民生活和生产活动消耗能源，排放的大量废热、空气污染物等；

（5）空气粒子、大气污染物对太阳能量的吸收和散射，以及二氧化碳等温室气体的增温作用。

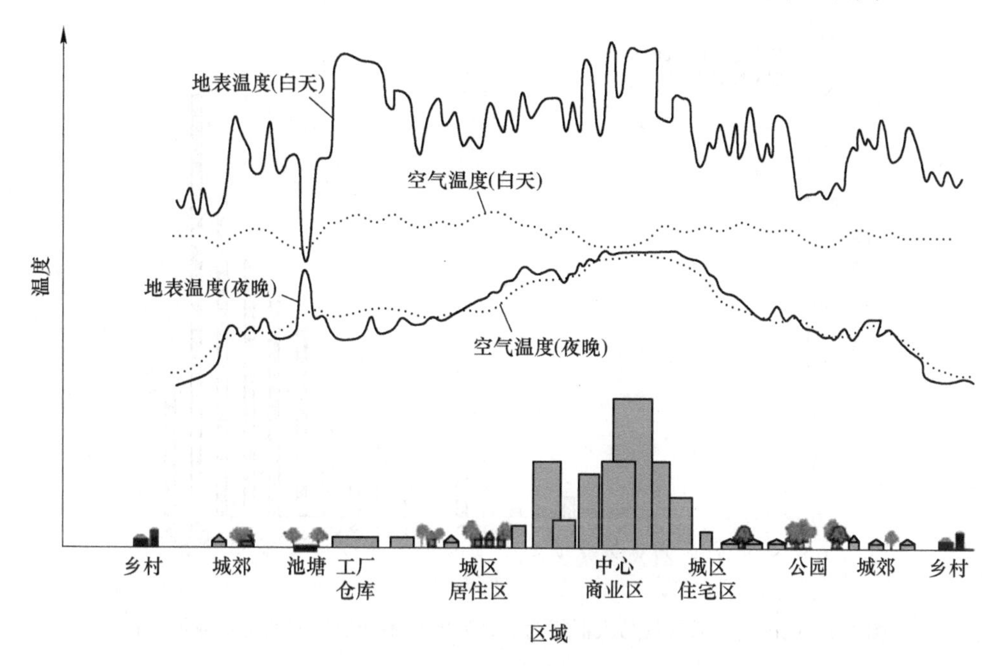

图 1-3 城市热岛示意

大量城市建设带来的人类活动密集、高层建筑数量增加与不透水体的大面积使用等越来越多，这使得城市区域的气候与生态环境格局发生较大的变化，同时也引发了气候变暖情况的加剧与极端天气事件出现频次增多等一系列生态环境问题。因此，改善城市户外空间区域的热环境、提高人体的舒适度对居民的生活品质改善和社会经济的稳定发展等方面有极其重要的作用。微气候是影响城市户外空间使用的关键因素之一，人们选择舒适的微气候环境进行户外活动。良好的城市户外空间环境可以促进人们进行自发性活动和社交性活动，进而增加城市空间使用效率，提升城市活力。微气候方面的研究在最近几年呈现出快速增长的趋势，刘梦萱等人对此进行了综述，这方面的文献数量如图 1-4 所示。通过对这些年的微气候方面文章分析，他们归纳出微气候方面的研究热点，具体如图 1-5 所示。

水体面积在达到一定的比例时能够对周围滨水空间产生明显的降温效果。水体主要通过水热交换调节周边环境的自然气候，水分蒸发时吸收大量的显热使其周围的空气温度降低，从而达到相应的温度调节效果。目前，国内外关于水体对微气候影响的研究主要有湿地、河流、湖泊、水库、滨水环境以及城市景观中的小型水体。其中，环境和大气科学方面的学者主要从水体自身的特性出发对水体

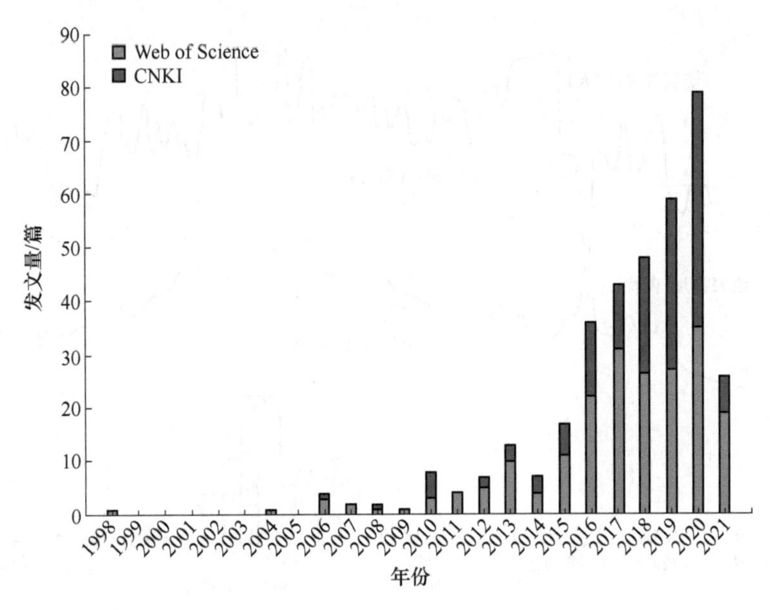

图 1-4　城市空间微气候与人群行为关系研究在不同数据库的文献数量分布

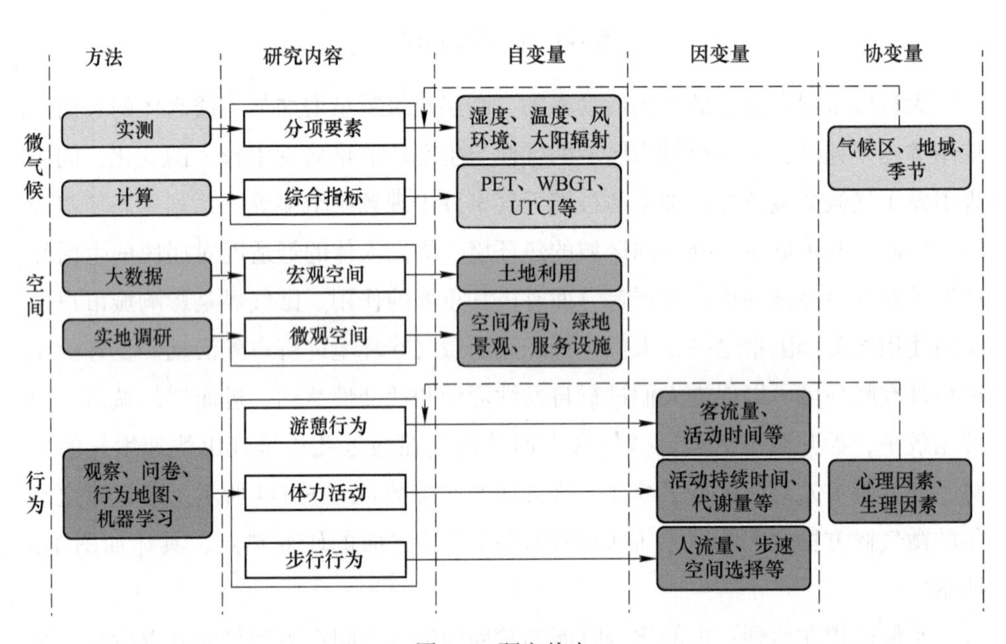

图 1-5　研究热点

的微气候效应进行研究。景观水体一方面可以美化环境，另一方面也能够对滨水空间带来降温增湿效应形成水陆风，降低周围环境的气温和地表温度，从而达到缓解滨水空间热环境的目的。Chang 等人选取了中国台湾省台北市 61 个公园作为研究对象，发现公园内部的平均气温普遍低于周围地区。同时，在公园地表上形成一个明显的低温区，并且公园的平均温度和公园的内部景观格局存在较强的相关性，公园的占地面积越大，公园中的水体占比越高，公园对周围环境的降温效果越好。2006 年夏季，Matsumoto 等人研究了内陆城市河流修复后的通风降温效果。他们在韩国首尔清溪川进行了气象观测，结果发现河网布局可以影响滨河空间的空气温度。Sun 等人对北京 197 处水域进行调查，发现水体的冷岛效应分别受水体面积、水体的形状指数以及水体周边建筑的影响；在夜间情况下，水体由于夜间放热的特性，地表水相对温暖。Robitu 等人研究了水塘体积和表面的能量交换及其对建筑能耗的影响。水塘的数学模型建立在水塘热模型和周围空气气流模型耦合的基础上，它包括辐射传热、热传导传热、对流传热和水蒸发潜热。数值模拟结果显示水体可以有效降低周围环境的温度。

在城市化快速推进的背景下，伴随着城市发展引发的一系列生态环境问题，不仅影响城市居民室外活动的热舒适性，而且大大增加了建筑物的能源消耗。众所周知，城市化对当地气候有重大影响。城市地区的气候与附近农村地区的气候不同。对城市环境相关属性的修改将放大或缩小这些差异。为缓解这种现象，Hunter 等人提出通过城市水体形成城市冷岛（UCI，Urban Cooling Island）来调节局部区域微气候。城市河流与静止水体相比，能够通过流动进行热量传递，使其自身温度更容易保持在较低的水平，能够更加稳定高效地对滨河空间区域的热环境进行调节，在缓解城市热岛和调节局地微气候方面起着极其重要的作用。研究表明城市环境的改变对建筑物的能源使用有重大影响。目前，人们对试图改善城市夏季可能出现的过热现象很感兴趣，主要关注热浪的后果。然而，人们还应该考虑到更广泛的情况。以英国为例，对于习惯了凉爽天气的英国人，在夏季，城市热岛（UHI）往往会导致建筑冷负荷增加，以及由于过热而导致的死亡人数增加。但是，在冬季，城市热岛往往会导致供暖负荷减小，与寒冷有关的死亡人数也会减少。

1.2 城市微气候的研究概况

1.2.1 国外水体对热环境影响的研究概况

西方国家城市化发展起步较早，城市热环境方面的研究至今已有近两百年的历史。城市气候的研究最早起源于英国。第二次工业革命引起的城市化进程加快，使伦敦城市规模急速扩展带来的气候变化引起人们关注。1818 年，伦敦科学家 Howard 通过对伦敦城区与郊区的温度进行同时观测，对比发现城区空气温度高于郊区空气温度，并在出版的《伦敦气候》一书中首次记载了这一现象，这是世界公认的第一本研究城市气候的著作，标志着城市热环境研究的开始。Howard 虽然最早发现了城市热岛这一现象，但基于当时的研究理论其并没有对城市热岛的概念进行完整表述。直到 1958 年，英国科学家 Manley 首次在论文中提出城市热岛这一概念并详细阐述。城市热岛是人类活动特别是城市化因素影响下形成的一种特殊小气候，是由于城市下垫面的改变、大量人工热源的存在以及城市水体绿地面积减少带来的生态环境失调，引起城市区域温度高于郊区温度的一种现象。国外关于城市热环境影响的研究经历了一个漫长的发展过程，发展主要集中于研究对象发展、理论研究发展、技术与方法研究发展三个方面。

自《伦敦气候》一书问世以来，北半球中高纬度地区的北美城市及英国、法国、德国等国的欧洲城市陆续开展城市热环境方面的研究。但由于当时的城市化规模和科学技术水平有限，相关领域研究并没有得到太多关注。直到第二次世界大战爆发，工业的快速发展带来城市规模的急速扩展引起城市环境恶化，越来越多的学者开始关注城市热环境方面的研究。1970 年，英国城市气候学家钱德勒编撰了一本关于城市气候与城市规划的城市气候文献集，其收录文献已高达 1800 多篇。其中，与城市规划和应用相关的文献不足 100 篇，此前的城市气候研究大多集中于不同城市的气候差异与理论方面的研究，技术方面也在进行更新和发展，应用方面还处于初期探索阶段。早期的城市热环境研究大多集中于北半球亚寒带地区，对亚热带及热带地区研究较少。

近年来，随着全球气候变暖，亚热带及热带地区极端高温天气频发，这引起部分学者对亚热带及热带地区城市热环境的关注。Jamei 对马来西亚马六甲海峡的城市热岛效应开展了 7 次流动调查，研究核心区、新发展区、城市郊区之间的气温差异，通过温度和相对湿度衡量区域的热舒适水平。Li 等人对热带城市的热岛环境和大气的相互作用进行了研究，通过一系列敏感性实验对城市人为热、风环境影响等方面提出一种新的研究方法，并研究了热带城市的 UHI 强度和边界层的空间格局。Santamouris 对亚洲和澳大利亚 101 个区域的城市热岛强度和特征进行研究，探究人口、季节与气象参数对 UHI 强度的影响。城市热环境领域研究的发展不仅体现在区域方面的变化，而且在研究的尺度和对象方面也发生改变。

早期由于受到研究技术和手段的限制，城市热环境领域的研究大多聚焦于城市大尺度区域以及大气环流等方面。随着研究的推进和技术的不断更新，研究领域逐渐向小区域微气候尺度方面发展。部分学者开始从植被、水体、街道、遮挡等不同方面对区域的热环境进行研究和探索。Akbari 认为城市遮阳树在减少建筑空调需求和减少雾霾进而改善城市空气质量方面具有显著优势。与这些好处相关的节省因气候地区而异，每棵树最多可节省 200 美元。每棵树的种植和维护成本从 10 美元到 500 美元不等。计算表明，城市树木在封存二氧化碳方面发挥着重要作用，可以延缓全球变暖。每所房子平均种植 4 棵遮阳树（每棵树的顶视图横截面为 $5m^2$）将大幅降低发电厂每年的碳排放。Hathway 等人研究了城市小河流在减小城市热岛效应方面的有效性，并研究了河岸上的城市形态在传播或减小这种潜在冷却方面所起的作用。他们对英国谢菲尔德的一条河流在春季和夏季进行了实地调查。结果显示冷却程度与环境空气温度有关，温度越高，冷却程度越高。冷却程度与河水温度、入射太阳辐射、风速和相对湿度相关。在春季，河流上方白天的平均降温水平超过 1.5℃。Kamoutsis 等人对希腊雅典地区不同地面植被类型的生物气候状况进行研究，选择街道、公园、步行道三种区域进行监测，研究不同区域植被的气候调节作用，为户外植被空间的设计提供依据。Wang 等人从街道的遮挡物方面对区域的热舒适影响进行研究，发现了夏季情况和冬季情况下的影响效果差异。夏季情况下，遮挡物可以明显降低道路温度，提高区域舒适度；冬季情况下，遮挡物可以降低区域风速。两种情况下，遮挡物对人体热舒适水平均有明显改善。

城市热环境的研究角度呈现多元化发展，使得城市热环境领域的成果更加深入和完善，为城市热环境领域的应用奠定基础。随着城市热环境方面研究的逐渐深入，城市气候的相关理论研究也取得显著进展。首先，在影响机制方面，早期的理论研究处于一个初步探索发现的过程，后来的学者在前人的研究和发现中总结出相关的理论。20 世纪 30 年代，欧洲科学家通过英国夜间城市与郊区之间风场的实地观测发现了城市热岛的环流现象。Oke 提出城市热岛强度可以通过城市市区与郊区的温差来衡量，通常与人口密度和城市规模成正比。人们对城市热岛的影响和强度开始了量化方面的研究。此后，学者在前人研究基础上归纳了城市热环境领域的相关理论，大致分为能量交换、水汽平衡和大气流动等几方面。

Haeger-Eugensson 等人在瑞典研究了一个中等规模的城镇夜间大气的冷却率。研究发现，根据傍晚/夜间时间的不同，城市热岛的发展速度差异很大，由此可分为差异冷却、过渡和稳定三个阶段。在差异冷却阶段，城市和农村地区的冷却差异增加了热岛强度。在过渡阶段，城市热岛环流（UHIC）开始后，农村降温速率发生了剧烈变化。城市的降温速率在傍晚保持不变，但在 UHIC 开始约 2h 后，随着凉爽的农村空气到达市中心，降温速率突然增加。在稳定阶段，这种耦合导致农村和城市站点的冷却速率分别从 1.5K/h 和 1.0K/h 平均到 0.5K/h。一旦 UHIC 被激活，系统就会自我调节，这是因为如果一个因素改变，其他因素也必须改变，以保持平衡。在稳定阶段，对流通量估计为（-9 ± 4）W/m^2。Holmer 等人用瑞典哥德堡的 4 年数据研究在晴朗和平静的夜晚城乡湿度的差异。以长波辐射平衡和潜热通量为重点，分析了城市水分过剩对城市热岛的影响。统计分析表明，炎热的夏季降水减少，使平均城市水分过剩（UME，Urban Moisture Excess）增加到 3hPa（“正常”夏季条件下，UME 约为 1hPa），在某些夜间情况下，UME 高达 7hPa。

Baik 等人采用二维、非流体静力、可压缩模型和显式微物理过程对城市热岛的强迫干湿对流进行了研究。采用不同的加热振幅（代表城市热岛强度、均匀的基本状态风速和基本状态相对湿度）进行了广泛的数值实验，以检验它们在表征城市诱导对流中的作用。在干式模拟中，可以识别出两种流动形式。其中一种状态仅以热区附近的平稳重力波为特征，并在城市热岛强度非常弱时出现。另一种状态的特点是在加热区附近有稳定的重力波，以及在下游方向上有顺风上升气流。下风上升气流单体强度随热岛强度增大或基态风速减小而增大。场模拟结果表明，在基态热力条件有利的情况下，城市热岛诱导的顺风上升气流单体可引发对流，导致下游地区的地面降水。随着城市热岛强度的增加，第一次云水（或雨水）形成所需的时间减少。对于相同的基态风速和热岛强度，在较不利的基态热力学条件下，需要更强的动力强迫（即更强的顺风上升气流）来触发对流。Sailor 等人提出了一种构建城市白天人为加热轮廓线的方法。这种方法主要包括运输、建筑部门和新陈代谢成分，使用来自美国人口普查局、能源和交通部门的数据，得到不同城市的人为加热曲线有相似的形状，早晨和晚上的峰值可以比每日平均值高 25%~50%。然而，这些轮廓的大小取决于人均能源强度、区域气候与日人口密度格局。Arnfield 对 20 年来全世界的城市气候领域方面的研究成果进行了归纳，详细总结了大气环流、水汽平衡、能量交换和城市热岛效应方面的研究成果。这是自《国际气候学杂志》1989 年首次出版以来，近 20 年来城市气候学的研究进展。Arnfield 评估了选定城市的研究进展与城市大气湍流有关的气候过程（包括表面粗糙度）、交换过程能源和水，考虑城市环境的各个方面，从城市到街区。

众多学者对城市热环境领域相关理论的研究推动了城市热环境研究的发展，也将相关研究成果应用于实际工程。随着研究对象的多元化以及研究区域的复杂化，研究方法与研究手段也在不断向前发展。早期的研究者大多通过安装温湿度仪器进行定点与非定点监测，大多聚焦于二维平面的研究。新的研究方法与手段的运用使得城市热环境的研究从二维平面扩展到三维空间。20 世纪 50 年代，遥感技术与数值模拟技术的应用极大地推进了城市气候领域的研究，为城市气候研究的数据监测与方案改造提供了方便。将遥感数据对不同时期的土地覆被变化与红外遥感反演的地表温度相结合，能够对时间尺度的城市规模演变与下垫面热岛程度的变化规律进行研究。Duckworth 等人利用遥感技术对城市热岛的垂直梯度分布进行了观测，这是首次在垂直尺度上对城市热岛的影响进行研究，标志着城市热岛研究进入一个新的阶段。遥感技术的应用方便了城市气候的数据观测。部分学者利用遥感技术对城市土地覆盖进行分类，并与城市空间热红外遥感数据进行对比，对城市下垫面的空间热场分布特征进行了研究。

Hagishima 等人通过风洞实验对建筑群的高度、迎风面积、布局等因子进行研究，同时，对不同结构的城市建筑情况的空气流动进行研究。Streutker 利用辐射成像技术对美国休斯敦城市 1999 年和 2001 年固定地区的夜间温度与 1985 年和 1987 年进行对比，发现温度上升 0.8℃。除了其他领域相关技术在城市热环境方面的交叉应用，部分学者开始了新方法的研究。Oguro 等人基于东京 23 区计算流体力学研究结果开发了一个风环境数据库，对区域的风环境情况和相关建筑对热岛减少的效果进行研究。

直到 20 世纪末，数值模拟技术在城市热环境领域适用性的突破，使得城市热环境研究进入一个新的阶段。Nielsen 将计算流体动力学（CFD，Computational Fluid Dynamics）应用到空调领域，模拟了室内空气流动，开启了 CFD 模拟技术在空气流动领域的应用。河流对热环境的影响研究是城市气候研究领域的重要组成部分，河流中的水体通过热量传递与水汽蒸发对区域热环境起着较好的调节作用。城市热岛效应已经在城市中心造成了气温升高，因此，城市设计在降低城市热岛以创造安全、舒适的生活和工作场所方面发挥着关键作用。因为城市河流能在减少 UHI 方面发挥作用，所以世界各国的学者对河流的影响能力开展了广泛的研究。Tadahisa 等人针对河流与海风对建成区的热环境影响开展研究，通过两种测量方法探讨了海风与河流在热环境调节方面的差异。研究结果显示，在温暖季节河流上空的温度下降超过5℃，这种热影响随着距离衰减，水平方向影响可超过几百米，高度方面影响超过80m。Kan 等人对多摩河与下拔渠的垂直分布温度情况以及城市沿线的温度进行测量，确定了河流冷却效应的范围与程度。早期学者的大量实测研究数据为后来学者的进一步研究奠定基础。Kim 等人通过实测与模拟结合的方法，对韩国大邱市河道的热环境影响进行研究，结果显示河道翻修使得白天测量点气温下降 1.33℃。Kim 等人根据水力学的相关知识对城市再生河流——清溪川的热环境影响能力进行研究，通过前后数据对比评估其热环境的影响能力。Wang 等人选择了科罗拉多河流域（CRB）三个人口稠密的城市，凤凰城、拉斯维加斯和丹佛，以研究整个 CRB 土地利用变化对新兴水文气候模式的影响。他们采用了中尺度天气研究和预测模型，结合最新的城市建模系统，进行区域气候模拟。CRB 的城市增长模拟显示，凤凰城、丹佛和拉斯维加斯的近地表温度增加值分别为 0.36℃、1.07℃和 0.94℃，夜间显著变暖。

1.2.2 国内城市热环境研究的发展历程

国内城市热环境领域研究起步较晚，早期相关领域研究较少。随着改革开放后我国城市化的迅速发展，城市热环境问题愈显突出，尤其是福州、杭州、广州等“火炉城市”的诞生，国内众多学者开始进行该方向的研究和探索。伴随着科技的发展，遥感反演、计算机数值模拟以及相关更先进的数据采集仪器的应用，城市热环境领域的研究进入蓬勃发展的阶段。国内学者对城市气候的研究发展可归纳为成因与理论研究发展、技术与方法研究发展、应用领域研究发展等方面。

城市气候成因与理论研究是城市热环境领域早期研究的开端，研究主要聚焦于北京、上海、广州等城市化水平较高的大型城市。城市气候的大体成因可分为以下三个方面：

（1）城市的发展扩张导致混凝土、沥青等不透水体的大量使用，取代原有的土壤、水体等天然下垫面，不仅减少了水分蒸发对于热量的吸收，而且混凝土、沥青等人工下垫面比热容较小，升温速度快，能够更快地引起近地面空气的温升；

（2）城市化带来的人口聚集使得城市建筑向高层建筑方向发展，密集的高层建筑阻碍了城市风道的形成，不利于城市与郊区之间的热量交换；

（3）人类活动伴随设备与工具的使用，建筑空调散热、工厂设备和燃料散热、汽车的尾气散热等都对城市气候产生重要影响。

城市下垫面的变化是影响城市气候最直接的原因，国内一些学者聚焦于不同类型的下垫面对城市气候的影响。张景哲等人认为城市气候是在区域气候的背景上受城市这一特殊下垫面的强烈影响所产生的一种局地气候。城市下垫面以水泥、砖瓦、柏油等人工表面为主，植被较少，建筑密集，人类活动频繁，与郊区下垫面明显不同。市内通风不良、热量不易散失、城市表面的反射率比郊区小、热容量比郊区大、蒸发耗热比郊区少、城市内有大量人为热的释放、上空存在污染盖层等城市热岛成因，都直接或间接地与城市下垫面的特殊性有关。杨士弘等人对广州市的城市热岛效应进行了研究，通过对气象站观测资料和定点与非定点监测数据的比较，提出了城市规模是城市热岛的基础，郊区与市区的下垫面热力性质差异是广州市热岛形成的主要原因，分析了不同天气条件下的广州市区与郊区的差异。周莉等人利用法国动力气象实验室提出的大气环流模型对我国的珠江三角洲、长江三角洲、河北、天津、北京等地区的城市气候进行模拟，探讨不同城市群下垫面变化对夏季气候的影响机制，完善了我国东部地区城市下垫面对气候影响的研究。

江晓燕等人使用中国气象科学研究院开发的新一代数值天气预报模式（GRAPES）对2004年10月北京一次空气重污染事件中的典型城市热岛过程分别设计了两种数值试验方案：

（1）对照试验，使用模式缺省的城区下垫面反照率参数取值0.18；

（2）敏感性试验，参考同期中国科学院大气物理研究所铁塔280m高度下垫面反照率观测事实，将北京区域城市类型下垫面反照率减小至0.15。

通过对比两种试验方案在1km水平分辨率下的24h模拟结果，研究了城市下垫面反照率变化对北京地区城市热岛过程的影响，结果表明：

（1）GRAPES模式可成功模拟此次热岛过程中城区和郊区近地面温度的日变化趋势；

（2）城市下垫面反照率的变化对城市热岛的发展非常重要，城市反照率下降0.03会使城市热岛强度增强0.8℃左右，结果也更接近实况，这说明城市发展引起的地表反照率减小有利于城市热岛强度增加；

（3）通过分析地表的长波辐射发现在城市区域较小反照率情形下，城区的长波辐射始终比郊区大，有利于热岛的形成，同时也有利于城区近地层的风场辐合增加，这对此次污染过程的发展是有利的。

城市风场也会影响城市的气候。城市区域的风场情况极其复杂，除了城市建筑布局复杂性的影响外，城市热岛的热压差引起的热岛环流也会引起区域风场变化。周淑贞等人对上海的气象观测数据进行研究，发现上海市区有大小公园和苗圃 30 余个，且有黄浦江、苏州河流过市区，这对上海的热岛有很大影响。公园与附近街道、水面与附近街道的气温有显著的差别。王宝民等人对北京商务中心的风场分布情况进行了风洞实验，并在风洞实验的基础上进一步运用红外热感应的油纹图像描绘区域风场相对风速大小和轮廓，更加清晰地反映区域相对风速的大小和分布，推进了城市气候领域中风场的研究。贺广兴等人对长沙气象局 2008—2013 年的气象数据进行了研究，发现城市风场与热岛的强度、空间分布密切相关。在顺着风向的南北方向，随着风速增加，热岛强度差值减小；在与风向垂直的东西方向，风速对热岛强度无明显影响。这是国内首次报道风速和风向对城市热岛强度的影响规律，丰富了城市热岛成因和机制方面的研究。

人类活动散热对城市气候也有影响。城市是人类生产生活的主要场所，人类的活动必然对区域气候产生影响。佟华等人通过对北京市采暖散热、汽车尾气散热、工业生产散热方面进行估算，对考虑人为散热和忽略人为散热情况下北京下垫面边界情况进行模拟，研究人为散热对北京城市热岛的影响。结果表明，人为热对城市热岛的形成起很大作用，使城市中心温度白天增加 0.5℃左右，夜晚增加 1~3℃，提高热效率和减少工业废热的排放对缓解城市热岛的作用不明显。张弛等人对上海地区进行研究，对城市人为散热进行人为热排放流程图绘制，并对人为散热源进行分类统计，从供给、消费和排出三方面对上海市市区和郊区的温差年变化和人为热排放之间的关系进行研究，使得城市气候影响的成因与机制研究更加完善。朱宽广等人通过 1990—2015 年《中国统计年鉴》和《中国能源年鉴》中海南、广东、广西以及中国香港的能源消费与人口数据，分析上述地区人为热排放在时间和空间上的分布特征及其影响因素。结果表明，海南、广东和广西的人为热排放呈持续增长态势，1995—2014 年年均人为热通量分别从 0.09W/m^2、0.47W/m^2 和 0.16W/m^2 逐步增长到 0.49W/m^2、1.68W/m^2 和 0.44W/m^2。人为热排放的空间分布不均匀，2010 年在珠三角、潮汕地区主要城市、湛江以及海口形成了以城区为中心的相对人为热高值区，其中广州等大城市最大值约为 50W/m^2，中国香港超过 100W/m^2。

彭婷等人通过能量平衡方程和 Landsat 数据对广州市中心城区 2004—2020 年

间的人为热排放的时空演变进行研究，从分布、强度、景观格局方面探究人为热排放对城市生态环境的影响。随着建筑制冷系统的普及，建筑制冷散热对城市气候的影响越来越大。郑玉兰等人利用改进后的建筑物能量模式（BEM，Building Energy Model）与单层城市冠层模式（SLUCM，Single Layer Urban Canopy Model）耦合，实现对城市建筑物人为热排放的动态模拟。他们在 2014 年 5 月 29 日对北京地区建筑物制冷系统人为热排放与城市气象环境的相互作用进行定量分析。WRF（Weather Research and Forecasting）/Noah/SLUCM/BEM 耦合模式模拟分析表明，在不加入人为热时，对夜间的热岛模拟偏弱，且基本无法模拟出白天的热岛效应；加入城市交通人为热排放后，对城市热岛强度和范围的模拟有一定改善；进一步加入建筑人为热排放后，对气温、热通量、边界层高度等的模拟效果均有不同程度的改进。加入 BEM 模拟的人为热后（case2），15：00 主城区地表感热通量增加 30~50W/m ^{2}，相应地 2m 气温升高 0.4~0.8℃，二者对应关系较好。case2 中的人为潜热排放导致地表潜热通量增加 80~140W/m^2，水汽通量增加 0.04~0.09g/(m^2·s)，中心城区 2m 比湿增加 0.5~0.9g/kg，边界层高度升高 100~150m，且傍晚边界层高度开始下降的时间推迟了约 1h。加入建筑人为热后，气温等气象条件的变化会对建筑物制冷系统能耗及人为热排放产生影响。case2 对比 case1（加入统计估算的人为热），建筑物制冷系统能耗增加了1.11%~3.33%，建筑物制冷系统排放的感热通量增加了 0.67%~1.67%、潜热通量增大了 0.625%~1.56%。王咏薇等人运用 WRF 模式，选取基于多层城市冠层方案（BEP，Building Effect Parameterization）增加室内空调系统影响的 BEM 方案，以南京 2010 年 8 月 2—3 日，夏季三伏天晴天小风天气作为背景天气进行模拟研究。结果表明，采用 WRF 模式考虑空调系统室内外能量交换的 BEP+BEM 参数化方案，能够更好地模拟出夏季晴天城市近地层气温。当假设空调全天开启时，白天模拟值与观测值吻合较好。夜间温度模拟值高于观测值，在 22:00—0:00，有 1℃左右的偏差。空调系统开启在白天对城市近地层气温的影响不明显，而夜间使得城市气温普遍升高 0.6℃，尤其是在居民区密集的地方，22:00—23:00 最大有 2℃左右的升温。当调整室内空调目标温度从 25℃调至 27℃时，空调系统能量总释放量减少 12.66%，13:00—16:00 温度下降最大，平均约为 1℃，建筑物越密集，温度下降幅度越大。

陈宏等人研究采用 WRF 模型对城市尺度的气候进行模拟，计算结果表明，城市内水体面积的减少对城市气候产生了较为明显的影响，造成城区内部气温上升，城市热岛效应加剧。为了利用水体对城市微气候的调节作用，缓和城市热岛，在城市规划与城市设计过程中，一方面应保护城市中的水体，特别是大型水体，另一方面也应注重滨水街区空间形态、建筑密度，以及城市空间的设计，在夏季加强大型水体的上空凉爽气流向城市内部的渗透，改善城市的微气候。鄢伟的研究结果表明不同类型人为热对城市微气候的影响区域不同且作用效果不同，工业排热影响的区域主要为Ⅰ类强度建设用地，居民生活排热的作用区域主要为Ⅱ类和Ⅲ类强度建设用地，交通排热和总人为热作用于整个城市建成区。在热岛强度上无论是单项考虑不同类型人为热（工业生产、居民生活、道路交通）还是考虑人为热的叠加效应，均会导致城市热岛效应显著增强。

在城市气候成因与理论研究发展的同时，部分学者也开始了新方法和新技术在城市热环境领域应用的探索。周淑贞在对上海地区下垫面与城市热岛关系研究的基础上，利用美国 Tiros-N 卫星的气象资料对上海地区下垫面的温度变化进行研究，通过对比市区与郊区的实测温度数据与卫星监测的下垫面温度数据，发现市区白天下垫面的温度升高显著高于郊区，但气温增温率相差不明显，但下垫面引起的增温带来能量向地下传递，在夜间通过长波辐射和湍流热交换传递到城市空气中，缓解城市夜间气温降低，为夜间城市热岛的形成奠定基础。曹邦功等人提出计算机在城市热环境遥感中的应用，通过对武汉市和北京市的航空红外遥感数据进行计算机扫描处理建立一套新的利用计算机技术处理研究航空遥感数据的图示方法，利用图示反映不同时间低温和大气热交换的互补关系，对城市热岛与大气之间的热量交换研究提供了依据，也丰富了城市热环境领域的方法与技术。

从 1960 年开始，风洞实验的应用逐渐被引进城市气候领域的研究，这使得建筑周边的气流运动研究得到进一步发展，为城市风环境领域的研究提供了新的技术与方法。风洞实验研究中，风洞的研制和监测是研究的基础。张玉等人为研制满足模拟需要的热湿气候的动态风速台，通过红外、加热、加湿实现对风速、温度、湿度、热辐射等方面的控制，并通过数据采集卡实时输出数据。王军玲对风洞实验在城市建设和改造中的实例应用进行了研究，结果显示风洞实验虽然具有过程复杂、费用高、周期长等缺点，但在大型城市建设应用方面可以很好地预测风害和烟气扩散情况，为修改设计和补救措施提供参考依据。风洞实验在城市气候领域的应用使得气流运动的模拟得到发展，为城市气候方面的数值模拟的诞生和发展奠定了基础。

由于现场实测及风洞试验存在局限性，因此随着计算流体力学自身理论与方法的不断发展，数值模拟方法已经越来越广泛地应用在包括城市规划和城市气候研究在内的许多与流体流动相关的领域。1990 年开始，计算机模拟渐渐开始在城市气候领域中应用。城市热环境研究方面主要采用的模拟软件是 ANSYS 流体计算仿真软件（Fluent 模块）和在计算流体力学基础上研发的 ENVI-met 软件。龚波采用 CFD 对成都某高校新校区教学楼周围的风环境进行数值模拟研究，比较风向及教学楼间距对教学楼周围自然通风引入的影响。研究结果表明，当室内温度处于热舒适区下限温度和热舒适中性温度之间时，湿度对热舒适影响不大，室内温度满足人的热舒适。当室内温度处于热舒适中性温度和热舒适区上限温度之间时，此时补偿风速仅改善高达 70%相对湿度的影响。当室内温度超过热舒适区上限温度时，补偿风速则不仅改善高过 70%相对湿度的影响，而且改善高过热舒适区上限温度的影响。

武文涛等学者利用中尺度气象模型和 CFD 数值模拟对我国南方沿海城市的中心商务区进行模拟研究和热气候评价，探究多尺度区域模拟技术在较大尺度的城市热气候方面的应用。黄思等人对亚热带地区建筑群的室外风环境进行 CFD 数值模拟，结合速度场、压强场与湿黑球温度研究，得到最大风速区域和涡旋产生区，并通过改变建筑布局提出了风环境的优化策略。Edward 等人以中国香港为例研究了在高密度城市如何通过城市形态和表面粗糙度来改善城市的风环境品质，强调城市形态是影响城市自然通风的最重要的因素，应该引起城市规划者的高度重视，而街道走向则是影响街区尺度风环境品质的重要因素，提出通过对城市形态进行参数表达化是有效研究城市形态及城市风环境的有效手段之一。梁胜等人采用定点实测与 CFD 模拟相结合的方法，以相对湿度为小气候要素，重点讨论了建筑因子对夏季城市湖泊增湿效应的影响程度。研究结果表明，湖泊周边建筑是影响湖泊湿度效应的重要因素之一，城市湖泊湿度效应受城市主导风影响较大，在上风向 1km 以及下风向 3km 区域范围内湖泊的增湿作用明显。刘辉志等人采用风洞热线测量、风洞技术和计算流体力学数值模拟等方法，对北京地区某高大建筑在北京地区盛行风条件下的风环境开展物理模拟和数值模拟，并进行相互验证和比较。研究结果表明，三种方法得出的行人风场结构和分布基本一致。

近些年，城市气候领域取得的一系列研究成果得到业内人士的认可，在城市规划、户外活动空间设计、风景园林设计、建筑外环境设计等方面得到广泛应用。城市热岛的加剧使得城市居民室外活动的热舒适降低，相关学者将微气候领域的研究重点聚焦于户外活动空间的设计，主要考虑空间设计对户外活动人群的热舒适和生理有效温度的影响。陈晓婷对天津城市公园的老年人绿地活动空间设计进行了研究，通过对天津市两个综合公园的实地调查和老年人的活动特征，提出符合老年人热舒适情况的综合性公园绿地设计方案。曹丹等人对上海地区的广场、喷泉、草坪、林地、廊道五种公共空间的热环境情况进行研究，并通过体感气象指数评价不同空间人体的舒适度水平，研究不同空间的热环境调节能力差异。彭海峰等人对浙江农业大学东湖校区的夏季情况进行研究，对广场、草坪、林荫路、木栈道四种区域的小气候状况进行比较，利用生理等效温度（PET）作为评价指标，研究生理等效温度和小气候因子之间的关系。

梅歆等人将风景园林的设计规划理念应用于住宅区的微气候研究，通过现场实测对上海市中心城区几个住宅区冬季人体的热感受结果进行研究，发现将风景园林空间的顶面、立面的相关设计应用于住宅区域可满足住宅区冬季居民的热舒适要求。建筑外环境的设计不仅影响居民建筑附近活动的室外热舒适水平，而且也会影响建筑的空调能耗。赵西平等人对南宁三个典型住宅区的室外公共空间进行调查，测试全遮阴和全日照两种情况下的空气温度、相对湿度、黑球温度、风速四种小气候参数。研究发现，居民在住宅区室外公共空间的活动人数、活动场所、活动群体均受小气候影响，太阳辐射显著影响住宅区居民的行为活动，遮阴良好是夏季居民选择住宅区室外公共空间活动的关键因素。可从增大遮阴面积、优化建筑布局、合理设计活动空间等方面对住宅区室外公共空间进行改善。

1.2.3 国内水体对微气候影响的研究概况

城市河流是城市形成和发展中的重要资源载体，在城市用水、防汛防洪、水产养殖、维护生态系统平衡等多方面起着不可或缺的作用。苏从先等人提出绿洲和湖泊带来的“冷岛效应”。在夏季，晴天或少云天气条件下，西北沙漠或戈壁干旱地区中的湖泊或森林、草原和农田等绿洲由于其下垫面热力非均匀性，其相对于周围环境是个冷源，形成“冷岛效应”。冷岛周围干旱环境在强日照下形成超绝热不稳定层结，使湍流得到较强发展。湍流将下层被加热的空气向上层输送，同时，平流或局地环流作用又将这些热空气往冷岛上空输送。这些热空气与冷岛下层的冷空气形成冷岛内部的逆温稳定层结和温度时高剖面的“映象热中心”，从而使得冷岛内部白天强日照下湍流热通量为向下的负值，蒸发量也较小。1997 年，柳孝图在《环境科学》上发表的《城市热环境及其微热环境的改善》是国内城市热环境研究的开始。柳孝图通过江苏省苏南五市 30 年的气象数据研究了城市化引起的城市热环境问题，指出了城市热环境的变化趋势，其中也提及城市水体的布置和规划对城市区域微热环境的改善和调节作用。该文引起众多国内学者对城市热环境现象的注意。

早期的研究因受限于测量仪器和设备的水平，研究成果具有一定的局限性和不完善性。随着计算机技术的快速发展，数值模拟与实测研究相结合，城市热环境方面的研究从2000年开始进入蓬勃发展的阶段。Zhang等人基于Airpak软件，建立了沈阳市某小区夏季热环境的数学模型，对该小区夏季热环境进行了分析，在行人高度1.5m处，得到了温度场、相对湿度（RH）场、预测平均投票、预测不满意百分比（PMV-PPD）以及平均空气年龄（MAA）等一系列结果。模拟结果表明，不同水系面积对住宅热环境的影响不同。所有的模拟结果都表明，水系面积越大，热环境越好。张伟等人采用数值模拟的方法对长沙市同升湖的“冷岛效应”进行研究，结果表明，夏季城市近郊湖泊对周围环境存在“冷岛效应”，研究区域与对照区域的日均温度差值在0.55℃，湖泊“冷岛效应”的发挥与太阳辐射强度有关，在13:00—14:00时间段内较突出。湖泊“冷岛效应”与临湖距离呈显著负相关，湖泊水体的降温作用在0m处最显著，在距湖岸300m范围明显，在距湖岸600m范围存在降温作用，湖泊水体对主导风下风向区域的降温效果最佳，降温强度可达0.96℃。杨召等人通过CFD模拟技术将河流热环境影响与建筑布局相结合深入研究了河流对滨河住宅热环境的影响，以标准有效温度作为评价标准对滨河空间的建筑布局与热舒适度水平进行评价，结果表明，构建合适的通风廊道是改善滨河空间住宅热舒适的重要方法。宋丹然的研究表明，河流宽度与水体均温呈负相关，与河流的最大降温梯度、最大增湿梯度呈正相关。河流宽度较大时，河流水面上空及其周边的风速也较大。河流与PMV的直接关系较弱，但可通过影响热环境和风环境来间接改善热舒适性。河岸进行疏林草地植被绿化后，可以很好地改善居住区整体的热环境，且对河流下风向区域的降温增湿效应大于上风区。采用植被绿化后对居住区风环境有一定程度的负面影响，对居住区整体的热舒适都有利，尤其是对河岸附近范围，有较好的贡献作用。

张潇潇等人从温度、湿度、风速三个方面对公园水域、硬质铺地、乔灌草、乔草、草坪五种下垫面进行测量分析，并设置公园外城市环境下的参照点，分析和比较不同下垫面类型对微气候的影响以及相互之间的差异。研究表明，乔灌草、水域以及硬质铺地对微气候营造有很大的影响。范舒欣等人探究小微尺度下垫面类型及其格局特征对环境微气候的影响机制，研究结果表明，未来进行热舒适型小微尺度户外空间设计时，应该提高高郁闭度与中郁闭度植被的面积占比和斑块面积，控制其破碎程度；此外，采用聚集式布局形式可有效提高环境的相对湿度，降低空气温度。陈晨从气候条件、下垫面材料、植物搭配方式及其他因素四个层面对下凹式绿地"冷岛效应"进行探索，提出具有代表性影响因子，即土壤类型、土壤含水量、植物品种和植物覆盖率。局地气候分区（LCZ，Local Climate Zone）是城市热环境研究领域的新理论，它从量化城市下垫面特性对局地热环境影响的角度提出了一套实现城市空间形态可视化的分类体系。潘鑫沛的研究结果显示，广州大学城有 12 种 LCZ 类型，以开敞中层建筑区、稠密树木区与低矮植被区为主；珠江新城有 11 种 LCZ 类型，以紧凑高层建筑区和开敞高层建筑区为主。该研究从城市结构和地表覆盖两方面定量反映了大学城片区具有空间开敞度高、透水性下垫面覆盖率广，珠江新城以具有狭长街谷的高层高密度建筑群体为主的空间格局特点。

王亚莎综合运用遥感技术、地理信息系统空间分析、景观生态学格局分析等量化分析方法研究了城市水体景观的冷岛效应问题。结果显示，城市水体景观的冷岛效应明显，其不仅与水体自身条件密切相关，而且还受到周边用地环境、景观组成与结构配置的影响。水体景观的空间分布对地表温度有着显著影响，面积和距离是水体冷岛效应发挥的最主要影响因素。梁胜从距离、空间形态、下垫面、气象要素方面对长沙市梅溪湖周边的热环境特征进行了细致的相关性分析，研究结果表明高密度建成区周边环境因子与水体缓释效能关系密切，其中临湖距离、临建筑平均距离、相对湿度与湖泊周边测点温度变化呈现较强的线性相关性。赵聆言以武汉市主城区的 10 个城市湖泊湿地作为研究对象进行研究，研究结果显示，春、夏、秋三季温度均随与湖泊湿地边界距离的增加而上升，冬季温度变化与其他三季相反。春、夏、秋三季相对湿度随与湖泊湿地边界距离增加而下降，冬季相对湿度变化趋势较为复杂。吕鸣杨对杭州太子湾公园进行了研究，结果显示，在夏季情况下，小型水体对空气温度、地表温度有降温作用，并可提高空气相对湿度，同时平缓的静水面可提高局部风速；在冬季情况下，湖泊类静水小气候效应与夏季类似，表现为降温增湿，并可提高局部风速，面积越大，小气候效应越显著。溪流类动态水表现出的小气候效应与流速、水量有关，流速较高、水面较宽的水体对气温有增温作用，流速较慢、水面较窄的水体或小气候效应不显著或与夏季类似，表现出降温作用。

段文嘉对西安大雁塔东苑进行研究，研究结果显示，夏季水体可以有效降温增湿。实测时段，旱喷泉水景降温强度略高于涌泉水景，旱喷泉水景的日均降温强度为 2.6℃，涌泉水景为 2.2℃。夏季实测时段平均湿度的大小为：涌泉水景>旱喷泉水景，二者相差 11.1%。冬季实测时段平均温度的大小为：旱喷泉水景>小型涌泉水景>浅水人工湖。旱喷泉测点平均温度较人工湖旁测点高出 1.2℃。冬季增湿效应的大小顺序为：浅水人工湖>小型涌泉水景>旱喷泉水景。冬季各空间湿度变化不大，人工湖位置增湿效果略优于旱喷泉水景，湿度增加 1.6%。周雪帆等人通过分析 2016 年及 2017 年武汉和郑州夏季移动实测数据，探讨不同气候区、不同用地属性以及不同城市空间形态指标对夏季午后城市热环境形成的影响机理，并基于非线性回归分析研究了城市空间形态各项指标与夏季午后气温的相关性。研究结果显示，在夏季午后，建筑的遮阴效果是对城市气温影响最为关键性的因素。建筑密度和天空开阔度是影响郑州热环境的最为关键的因素。

通过梳理国内外学者在河流对城市热环境影响方面的研究成果，发现此前的研究主要聚焦于河流对热环境影响的范围与程度。主要有以下三个方面：

（1）河流面积、形态等自身属性的影响差异；

（2）风速、太阳辐射、空气温湿度等气象参数与河流的热环境的关系；

（3）建筑布局、植被分布等空间因素与河流热环境的复合作用关系。

水域（主要包含湿地、河流、湖泊等水体）对局部微气候有显著的改善作用，可看作是具有对局部微气候调整功能的“冷源”，能够对其周边环境产生“冷岛效应”，生态价值不容忽视。为缓解城市热岛和建设气候适应型城市，相关人员已经开展了广泛的研究，比如控制城市规模和城区人口、加强城市周边的卫星城镇建设、合理控制城市规模、防止人口过度集中于城区、改进排水系统的透水性能、提高城市绿地覆盖率以及城市水体规划布局等。通过材料学、传热学、环境热舒适、心理学、生理学、计算机技术等不同学科之间的合作深入对水体热环境影响机制的研究，为气候适应型城市的规划建设与改造提供科学依据。

参 考 文 献

[1] 姚远，陈曦，钱静. 城市地表热环境研究进展 [J]. 生态学报，2018，38（3）：1134-1147.

[2] Oke T R. The heat island of the urban boundary layer: Characteristics, causes and effects [J]. Wind Climate in Cities, 1995, 16: 81-107.

[3] 但玻，赵希锦，但尚铭，等. 成都城市热环境的空间特点及对策 [J]. 四川环境，2011，

30（5）：124-127.

［4］刘梦萱，杨春侠，范兆祥．城市空间微气候与人群行为关系的研究综述与展望［J］. 风景园林，2022，29（6）：121-127.

［5］钱雨果．城市精细景观格局对热环境的影响［D］. 北京：中国科学院大学，2015.

［6］Oliveira S，Andrade H，Vaz T. The cooling effect of green spaces as a contribution to the mitigation of urban heat：A case study in Lisbon［J］. Building and Environment，2011，46（11）：2186-2194.

［7］Spangenberg J，Shinzato P，Johansson E，et al. Simulation of the influence of vegetation on microclimate and thermal comfort in the city of São Paulo［J］. Rev SBAU，Piracicaba，2008，3：1-19.

［8］Chang C，Li M，Chang S. A preliminary study on the local cool-island intensity of Taipei city parks［J］. Landscape & Urban Planning，2007，80（4）：386-395.

［9］Matsumoto F，Ichinose T，Shiraki Y，et al. Climatological study about effect of ventilation by a large restoration of inner-city river：A case of Cheong-Gye stream in Seoul，South Korea［J］. Japanese Journal of Biometeorology，2009，46：69-80.

［10］Sun R，Chen L. How can urban water bodies be designed for climate adaptation?［J］. Landscape & Urban Planning，2012，105（1/2）：27-33.

［11］Robitu M，Inard C，Groleau D，et al. Energy balance study of water ponds and its influence on building energy consumption［J］. Building Service Engineering，2003，25（3）：171-182.

［12］Briony A. Norton，Andrew M. Coutts，Stephen J. Livesley，et al. Planning for cooler cities：A framework to prioritise green infrastructure to mitigate high temperatures in urban landscapes［J］. Landscape and Urban Planning，2015，17（2）：20-26.

［13］刘京，朱岳梅，郭亮，等．城市河流对城市热气候影响的研究进展［J］. 水利水电科技进展，2010，30（6）：90-94.

［14］Davies M，Steadman P，Oreszczyn T. Strategies for the modification of the urban climate and the consequent impact on building energy use［J］. Energy Policy，2008，36（12）：4548-4551.

［15］Howard Lake. Climate of London deduced from meteorological observation［J］. Harvey and Darton，1833，1（3）：1-24.

［16］Manley G. On the Frequency of Snowfall in Metropolitan England［J］. Quarterly Journal of the Royal Meteorological Society，1958，84（359）：70-72.

［17］周淑贞．国外城市气候研究的动态［J］. 气象科技，1983，4：9-12.

［18］Jamei. Intra urban air temperature distributions in historic urban center［J］. American Journal of Environmental Sciences, 2012, 4 (7): 63-70.

[19] Li X, Koh T, Entekhabi D, et al. A multi-resolution ensemble study of a tropical urban environment and its interactions with the background regional atmosphere [J]. Journal of Geophysical Research-atmospheres, 2013, 118 (17): 9804-9818.

[20] Santamouris M. Analyzing the heat island magnitude and characteristics in one hundred Asian and Australian cities and regions [J]. Science of the Total Environment, 2015, 512-513: 582-598.

[21] Akbari H. Shade trees reduce building energy use and CO_2 emissions from power plants- Science Direct [J]. Environmental Pollution, 2002, 116 (2): 119-126.

[22] Hathway E A, Sharpies S. The interaction of rivers and urban form in mitigating the Urban Heat Island effect: A UK case study [J]. Building & Environment, 2012, 58: 14-22.

[23] Kamoutsis A P, Matsoukis A S, Chronopoulos K I. Bioclimatic conditions under different ground cover types in the Greater Athens area, Greece [J]. Global Nest Journal, 2013, 15 (2): 254-260.

[24] Wang H, Lin T, Matzarakis A. Seasonal effects of urban street shading on long-term outdoor thermal comfort [J]. Building and Environment, 2011, 46 (4): 863-870.

[25] Oke T R. City size and the urban heat island [J]. Atmospheric Environment, 1973, 7 (8): 769-779.

[26] Haeger-Eugensson M, Holmer B. Advection caused by the urban heat island circulation as a regulating factor on the nocturnal urban heat island [J]. International Journal of Climatology, 1999, 19: 975-988.

[27] Holmer B, Eliasson IISH. Urban-rural vapour pressure differences and their role in the development of urban heat islands [J]. International Journal of Climatology, 1999, 51: 47-48.

[28] Baik J J, Kim Y H, Chun H Y. Modeling dry and moist convection forced by an urban heat island [J]. J. Appl. Meteor, 2001, 40 (8): 1462-1475.

[29] Arnfield A J. Two decades of urban climate research: a review of turbulence, exchanges of energy and water, and the urban heat island [J]. International Journal of Climatology, 2003, 23: 1-26.

[30] Murakami S, Ooka R, Mochida A, et al. CFD analysis of wind climate from human scale to urban scale [J]. Journal of Wind Engineering and Industrial Aerodynamics, 1999, 81 (1/2/3): 57-81.

[31] Duckworth F S, Sandberg J S. The effect of cities upon horizontal and vertical temperature

gradients [J]. Bull. Amer. Meteor. Soc, 1954, 35 (5): 198-207.

[32] Carnahan W H, Larson R C. An analysis of an urban heat sink [J]. Remote Sensing of Environment, 1990, 33 (1): 65-71.

[33] Rao P K. Remote sensing of urban heat islands from an environmental satellite [J]. Bulletin of the American Meteorological Society, 1972, 53: 647-648.

[34] Hagishima A, Tanimoto J, Nagayama K, et al. Aerodynamic parameters of regular arrays of rectangular blocks with various geometries [J]. Boundary-Layer Meteorology, 2009, 132 (2): 315-337.

[35] Streutker D R. Satellite-measured growth of the urban heat island of Houston, Texas [J]. Remote Sensing of Environment, 2003, 85 (3): 282-289.

[36] Oguro M, Morikawa Y, Murakami S, et al. Development of a wind environment database in Tokyo for a comprehensive assessment system for heat island relaxation measures [J]. Journal of Wind Engineering & Industrial Aerodynamics, 2008, 96 (10/11): 1591-1602.

[37] Sailor D J, Lu L, Fan H. Estimating urban anthropogenic heating profiles and their implications for heat island development [J]. Atmospheric Environment, 2005, 39: 73-84.

[38] Nielsen P V. Flow in air conditioned rooms: Model experiments and numerical solution of the flow equations [J]. 1974, 26: 2-5.

[39] Tadahisa K, Tetsuo H, Yoshitaka S, et al. Cooling effects of a river and sea breeze on the thermal environment in a built-up area [J]. Energy and Buildings, 1991, 16 (3/4): 973-978.

[40] Kan K, Kawahara Y. The cooling effect of the river and the canal on the microclimate in urban Area [J]. Doboku Gakkai Ronbunshuu B, 2010, 37: 195-200.

[41] Kim D, Cha J G, Jung E H. A study on the impact of urban river refurbishment to the thermal environment of surrounding residential area [J]. Journal of Environmental Protection, 2014, 5: 454-465.

[42] Kim J H, Yoon Y, Lee J S. Impact Assessment on the change of thermal environment, according to the hydraulic characteristic urban regeneration stream: Cheonggyecheon case study [J]. Journal of Environmental Policy, 2015, 14 (2): 3-25.

[43] Wang Z, Upreti R. A scenario analysis of thermal environmental changes induced by urban growth in Colorado River Basin, USA [J]. Landscape and Urban Planning, 2019, 181: 125-138.

[44] 林中立, 徐涵秋. 近20年来新旧“火炉城市”热岛状况对比研究 [J]. 遥感技术与应用, 2019, 34 (3): 521-530.

[45] 张景哲，周一星，刘继韩．北京城市气温与下垫面结构［J］. 自然杂志，1984，7（2）：112-115，86.

[46] 杨士弘，张茂光，曾荣青．广州城市热岛分析［J］. 华南师范大学学报（自然科学版），1984，2：113-117.

[47] 周莉，江志红，李肇新，等．中国东部不同区域城市群下垫面变化气候效应的模拟研究［J］. 大气科学，2015，39（3）：596-610.

[48] 江晓燕，张朝林，高华，等．城市下垫面反照率变化对北京市热岛过程的影响——个例分析［J］. 气象学报，2007，65（2）：301-307.

[49] 周淑贞，张超．上海城市热岛效应［J］. 地理学报，1982，37（4）：372-382.

[50] 王宝民，刘辉志，桑建国，等．北京商务中心风环境风洞实验研究［J］. 气候与环境研究，2004，9（4）：631-640.

[51] 贺广兴，王先华，孙杰．风速及风向对城市热岛强度的影响研究［J］. 环境工程，2016，34（7）：145-148.

[52] 佟华，刘辉志，桑建国，等．城市人为热对北京热环境的影响［J］. 气候与环境研究，2004，9（3）：409-421.

[53] 张弛，束炯，陈姗姗．城市人为热排放分类研究及其对气温的影响［J］. 长江流域资源与环境，2011，20（2）：232-238.

[54] 朱宽广，赵卫，谢旻，等．华南地区人为热排放特征［J］. 生态与农村环境学报，2017，33（3）：201-206.

[55] 彭婷，孙彩歌，张永东，等．广州市中心城区人为热排放景观格局的时空变化［J］. 华南师范大学学报（自然科学版），2021，53（5）：92-102.

[56] 郑玉兰，苗世光，包云轩，等．建筑物制冷系统人为热排放与气象环境的相互作用［J］. 高原气象，2017，36（2）：562-574.

[57] 王咏薇，王恪非，陈磊，等．空调系统对城市大气温度影响的模拟研究［J］. 气象学报，2018，76（4）：649-662.

[58] 陈宏，李保峰，周雪帆．水体与城市微气候调节作用研究——以武汉为例［J］. 建设科技，2011，22：72-73，77.

[59] 鄢伟．武汉主城区人为排热对城市微气候的影响及其改善策略研究［D］. 武汉：华中科技大学，2021.

[60] 周淑贞，吴林．上海下垫面温度与城市热岛——气象卫星在城市气候研究中的应用之一［J］. 环境科学学报，1987，3：261-268.

[61] 曹邦功，李成尊，张振德．计算机技术在城市热环境遥感研究中的应用［R］. 计算机在地学中的应用国际讨论会，北京，1991.

[62] 张玉，孟庆林，陈渊睿．动态热湿气候风洞实验台的研制 [J]．华南理工大学学报（自然科学版)，2008，36（3)：99-103.
[63] 王军玲．风洞实验在城市建设项目环评中的应用 [J]．环境保护，1999，12：16-17.
[64] 张新春．沈阳市亲水住宅小区热环境的研究 [D]．沈阳：沈阳建筑大学，2011.
[65] 龚波．教学楼风环境和自然通风教室数值模拟研究 [D]．成都：西南交通大学，2005.
[66] 武文涛，刘京，朱隽夫，等．多尺度区域气候模拟技术在较大尺度城市区域热气候评价中的应用——以中国南方某沿海城市一中心商业区设计为例 [J]．建筑科学，2008，10：105-109.
[67] 黄思，桑迪科．亚热带建筑室外风环境 CFD 模拟分析 [J]．青岛理工大学学报，2009，30（6)：75-78.
[68] Edward N，Yuan C，Chen L，et al. Improving the wind environment in high-density cities by understanding urban morphology and surface roughness：a study in Hong Kong [J]. Landscape and Urban Planning，2011，101：59-74.
[69] 梁胜，陈存友，胡希军，等．基于 CFD 的建筑对城市湖泊湿度效应的影响模拟 [J]．生态科学，2020，39（2)：191-198.
[70] 刘辉志，姜瑜君，梁彬，等．城市高大建筑群周围风环境研究 [J]．中国科学 D 辑地球科学，2005，35（S1)：84-96.
[71] 陈晓婷．城市公园中老年人绿地活动空间设计研究——以天津市为例 [D]．咸阳：西北农林科技大学，2012.
[72] 曹丹，周立晨，毛义伟，等．上海城市公共开放空间夏季小气候及舒适度 [J]．应用生态学报，2008，19（8)：1797-1802.
[73] 彭海峰，杨小乐，金荷仙，等．校园人群活动空间夏季小气候及热舒适研究 [J]．中国园林，2017，33（12)：47-52.
[74] 梅欹，刘滨谊．上海住区风景园林空间冬季微气候感受分析 [J]．中国园林，2017，33（4)：12-17.
[75] 赵西平，许亘昱，吴扬，等．南宁市夏季住区室外公共空间小气候对居民活动的影响研究 [J]．建筑科学，2018，34（8)：18-24.
[76] 张颂军．浅谈城市河流治理与健康对城市生态环境的影响 [J]．水科学与工程技术，2007，3：52-54.
[77] 苏从先，胡隐樵．绿洲和湖泊的冷岛效应 [J]．科学通报，1987，10：756-758.
[78] 柳孝图．城市物理环境与可持续发展 [M]．南京：东南大学出版社，1999.
[79] Zhang P H，Zhang X C，Ma Z J，et al. Numerical study on the affection of river system of different areas to thermal environment of residential neighborhood [J]. Advanced Materials

Research，2012，1566：433-440.

［80］张伟，王凯丽，梁胜，等．基于计算力流体力学的城市近郊湖泊“冷岛效应”及其情景模拟研究——以长沙市同升湖为例［J］. 生态环境学报，2021，30（10）：2054-2066.

［81］杨召，余磊，刘京，等．基于热环境模拟分析的滨河住区建筑布局研究［J］. 南方建筑，2015，6：74-79.

［82］宋丹然．城市河流宽度对居住环境微气候影响与优化研究——以上海市为例［D］. 上海：华东师范大学，2019.

［83］张潇潇，周媛．城市公园不同下垫面类型对微气候的影响［J］. 四川建筑，2016，36（3）：100-102.

［84］范舒欣，李坤，张梦园，等．城市居住区绿地小微尺度下垫面构成对环境微气候的影响——以北京地区为例［J］. 北京林业大学学报，2021，43（10）：100-109.

［85］陈晨．夏热冬冷地区下凹式绿地“冷岛效应”数值模拟研究［D］. 合肥：合肥工业大学，2021.

［86］潘鑫沛．基于局地气候分区的湿热地区街区热环境特性及优化研究［D］. 广州：广东工业大学，2022.

［87］王亚莎．城市水体景观的冷岛效应研究——以武汉市为例［D］. 武汉：武汉大学，2019.

［88］梁胜．高密度建成区湖泊热缓释效应及其情景模拟研究——以长沙市梅溪湖为例［D］. 长沙：中南林业科技大学，2021.

［89］赵聆言．基于温湿改善的城市湖泊湿地与建成环境绿地耦合效应研究［D］. 武汉：华中农业大学，2022.

［90］吕鸣杨．城市公园小型水体小气候效应实测分析——以杭州太子湾公园为例［D］. 杭州：浙江农林大学，2018.

［91］段文嘉．西安城市公园绿地小气候实测分析——以大雁塔东苑为例［D］. 西安：西安建筑科技大学，2016.

［92］周雪帆，陈宏，吴昀霓，等．基于移动测量的城市空间形态对夏季午后城市热环境影响研究［J］. 风景园林，2018，25（10）：21-26.

2　实验设备与实验数据的测量

微气候的实验数据通常采用实际测量的方法获得，主要有固定点实测和移动测量点两种方法，根据实验数据（风速、风向、相对湿度、空气温度及太阳辐射等）分析不同地理环境下微气候的变化规律。固定测量法，即在定点测量在同一位置上不同时间的气象数据，主要适用于小尺度的局部微气候的研究。城市的滨水空间建设不仅要满足景观美学的需要，而且还要考虑室外空间环境的热舒适性。滨水空间区域作为城市居民户外活动的重要场所，其空间微气候直接影响居民户外活动的热舒适性。

2.1　相关概念的界定

2.1.1　微气候的定义

城市微气候通常指的是受人类活动影响，与城市周边区域不同的气候环境。它一方面被全球以及区域性范围的气候影响，另一方面被城市当中的建筑环境、人为排热等人类活动影响。

2.1.2　气象参数的定义

2.1.2.1　空气温度

空气温度是表示空气冷热程度的物理量。空气中的热量主要来源于太阳辐射，太阳辐射到达地面后，一部分被反射，另一部分被地面吸收，使地面增热，地面再通过辐射、传导和对流把热传给空气，这是空气中热量的主要来源。太阳辐射直接被大气吸收的部分使空气增热的作用极小，只能使气温升高 0.015～0.02℃。气象上常用的气温，是指离地面 1.5m 高度上百叶箱中干球温度表所测的空气温度，单位是℃。

气温日较差是一日之内气温的最高值与最低值之差。气温日较差的大小与纬度、季节、地势、海拔、天气和植被等有关。

2.1.2.2 空气湿度

空气湿度是表示空气中的水汽含量和潮湿程度的物理量。地面湿度是指离地面 1.5m 的高度上百叶箱中测的空气湿度。常用水汽压、相对湿度、露点温度来表示湿度的大小。湿度包括绝对湿度和相对湿度。一定的温度下，在一定体积的空气里含有的水汽越少，则空气越干燥；水汽越多，则空气越潮湿。在此意义下，常用绝对湿度、相对湿度、比较湿度、混合比、饱和差以及露点等物理量来表示空气湿度。其中，绝对湿度指的是每立方米湿空气中所含水蒸气的质量，即水蒸气密度，单位是 kg/m^3。相对湿度（RH，Relative Humidity）表示空气中的绝对湿度与同温度和气压下的饱和绝对湿度的比值。也就是指某湿空气中所含水蒸气的质量与同温度和气压下饱和空气中所含水蒸气的质量之比，这个比值用百分数表示。在一定的温度的情况下，当空气中的含水量到达饱和点，此时相对湿度达到 100%，如果超过 100%，水蒸气则会凝结。

2.1.2.3 太阳辐射

太阳辐射是指太阳以电磁波的形式向外传递能量，太阳向宇宙空间发射的电磁波和粒子流。太阳辐射所传递的能量称为太阳辐射能，常用单位为 W/m^2。太阳辐射是地球大气运动的主要能量来源，包括太阳直射辐射、天空散射辐射、环境表面反射过来的短波辐射。直接辐射为能够直接到达地面的辐射。通过大气、颗粒物散射后再次到达地面的辐射称为散射辐射。地面物体在吸收热量之后反射的热辐射称为短波辐射或反射辐射。

2.1.2.4 风

风是由空气流动引起的一种自然现象，它是由太阳辐射热引起的。太阳光照射在地球表面上，使地表温度升高，地表的空气受热膨胀变轻而往上升。热空气上升后，低温的冷空气横向流入，上升的空气因逐渐冷却变重而降落，地表温度较高又会加热空气使之上升，这种空气的流动就是风。风速是指空气在单位时间内流动的水平距离。根据风对地上物体所引起的现象将风的大小分为 13 个等级，称为风力等级，简称风级，以 0~12 等级数字记载。风向是指风吹来的方向，例如北风就是指空气自北向南流动。风向一般用 8 个方位表示，分别为北、东北、东、东南、南、西南、西、西北。

2.2 研究方法介绍

微气候的研究方法主要有实测研究、风洞实验、卫星遥感、数值模拟。实测研究大多将存在河流（或湖泊）的区域与没有河流（或湖泊）的区域进行比较，但由于区域物理空间参数与气象参数均存在差异，因此此法结果误差较大。也有将河流（或湖泊）与周边建筑布局和植被分布等空间因素相结合进行实测研究的，但此法对于河流（或湖泊）的热环境影响无法较好地区分出来。风洞实验虽在一定程度上补充了实测研究的不足，但存在周期过长、成本较高的缺点，普及性较低。卫星遥感技术主要应用于大尺度的空间热环境研究，对于小尺度的微气候研究精度无法满足要求。数值模拟研究是目前应用最为广泛的研究方法，适用于多种条件参数和工况的研究。数值模拟技术带来方便的同时，必须要注意其缺点。人们对数值模拟的可行性与模拟结果的准确性一直存在质疑，需要通过实测验证来保证模拟结果的准确性。本书主要采用的研究方法是实地测量法和数值模拟法。

（1）实地测量法。实地测量是保证研究结果可靠性的必要保障。实地测量在微气候数值模拟气象参数的输入与结果验证中发挥着至关重要的作用。测量内容主要有太阳辐射强度、空气温度、空气相对湿度、风速和风向。

（2）数值模拟法。数值模拟法是利用计算机技术对研究区域的热环境情况进行数值计算。本书主要采用 ENVI-met 软件和机器学习的方法研究河流和湖泊对微气候环境的影响。

2.3 研究区域介绍

成都市地处四川盆地西部、青藏高原东缘，东北与德阳市、东南与资阳市毗邻，南面与眉山市相连，西南与雅安市、西北与阿坝藏族羌族自治州接壤，地理位置介于东经 102°54′~104°53′、北纬 30°05′~31°26′之间。2020 年，全市土地面积为 14335km^2，占全省总面积（48.5 万平方公里）的 2.9%。其中，中心城区建成区面积 977.12km²。

成都市地处亚热带季风气候区，热量充足，雨量丰富，四季分明，雨热同期。除西北边缘部分山地以外，成都市大部分地区表现出的气候特点是：夏无酷暑，冬少冰雪，气候温和，夏长冬短，无霜期长，秋雨和夜雨较多，风速小，湿度大，云雾多，日照少。2020 年，成都市年平均温度为 15.5~18.2℃；年极端最高气温为 36.6~39.5℃，年极端最低气温为−3.5~0.3℃；最热月出现在 6—8 月，最冷月出现在 1 月。成都市年总降水量为 829.4~1784.3mm，雨量主要集中在 7—8 月，约占全年降水量的一半，暴雨期普遍出现在 5—8 月。成都市年平均日照时数为 718~1650h。最近几年夏季气温呈现逐年上涨的趋势，2022 年成都市气温变化如图 2-1 所示。从图中可以看到，2022 年夏季成都的最高空气温度甚至超过 40℃，严重超出历史同期值。

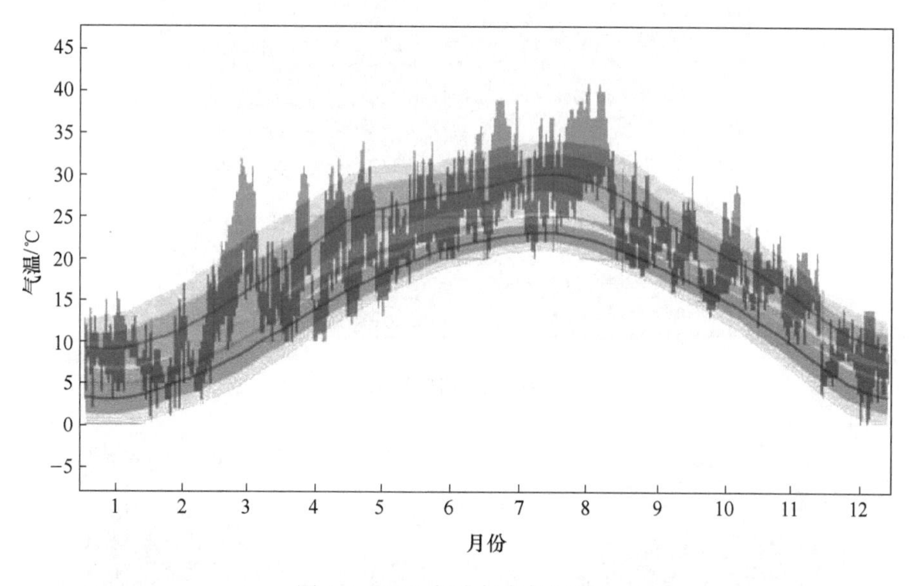

图 2-1 2022 年成都市气温变化

府河与毗河同起于郫都区（原郫县）石堤堰闸，流经成都市郫都区、金牛区、锦江区、天府新区、眉山市彭山区（原彭山县），至眉山市彭山区江口镇汇入岷江。府河自石堤堰至江口，全长 115km，流域面积 2090km²。主要支流（含分支）有南河、沙河、江安河等。随着城市化进程的加快，府河从原来灌排兼顾的功能逐步转变为成都市输送环境用水兼顾排洪的功能，是流经成都市区的重要景观和排洪河道之一，与南河并称为“府南河”。下游与主要支流南河于合江亭汇合，又称府南河。

本次的研究区域位于成都市府河河畔新世界住宅段（北纬30°48′，东经104°07′）。该研究区域长600m、宽300m，府河从北向南穿过研究区，河流平均宽度为154m，河流右岸主要为住宅区、步道和草坪，左岸是岸边步道、树木与灌木。该研究区域包含居民居住区和滨河活动空间，能够较好地反映河流对人体户外热舒适的影响。研究区域的具体位置如图2-2所示，研究区域的实景如图2-3所示。

图2-2　研究区域

(a)

(b)

(c)

图 2-3 研究区域的实景拍摄
（a）研究区域俯瞰图；（b）河流右岸实景；（c）河流左岸实景

2.4 测量的设备和仪器

实地测量是微气候领域研究的重要方法之一。在数值模拟计算前，为保障数值模拟的准确性，需要对实地开展测量，实地测量获取的相关地形参数、植被、气象数据等，可以为后续的数值模拟研究提供输入参数和验证数据。成都市府河新世界河段主要包含住宅、河流、滨河步道、植被等，道路和测点空间特征分布分明，能够较好地反映河流对滨河空间热环境的影响。

测量内容包括：

（1）河流宽度、堤岸高度、下垫面材料类型、建筑高度、植被类型、植被高度与分布等物理空间参数；

（2）空气温度、空气相对湿度、风速、风向、太阳辐射强度等气象参数。

河流宽度、步道宽、阶梯高差、建筑高度等通过激光测距仪 CS-600 进行测量。CS-600 激光测距仪如图 2-4 所示。其高差测量准确范围为 0.5~200m，精度误差为 0.3m，测量范围与精度均满足本次研究的需要。

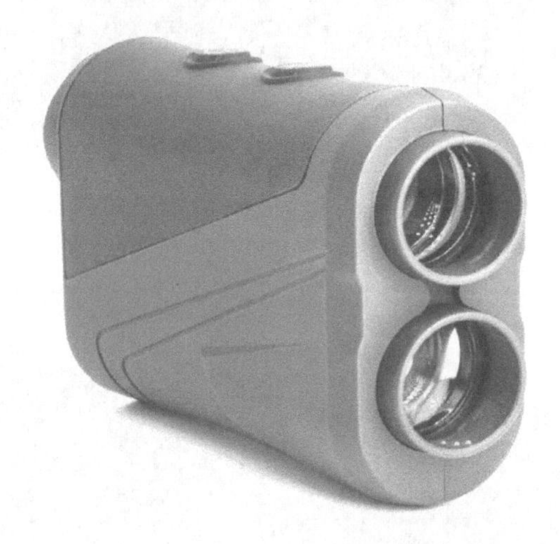

图 2-4 CS-600 激光测距仪

植物高度、建筑高度、河流宽度等参数的获取也是采用 CS-600 激光测距仪。CS-600 激光测距仪的基本参数见表 2-1。

表 2-1 CS-600 激光测距仪的基本参数

测距范围	1500m	望远镜倍率	6 倍
测距误差	300m 内：0.5m 300m 外：1m	屈光度	±3°
测角范围	−90°~90°	工作温度	0 ~40℃
基本参数测角精度	<0.3°	测量单位	米（m），码（Yd）
测速范围	10~300km/h	目镜孔径	16mm
测速误差	<5km/h	物镜孔径	24mm
激光波长	905 nm		

采用太阳辐射传感器 SR15-A1 对研究区域的太阳辐射进行测量。根据 ISO

9060:2018 和 WMO《公共气象服务能力建设战略指南》，SR15-A1 总辐射表（见图 2-5）是光谱平坦 B 级辐射计，可以提供各种输出，包括数字和模拟。SR15-A1 配备了加热器，可减少露水和霜冻的影响。SR15-A1 总辐射表是可应用于高精度观测的太阳辐射传感器。传感器从 180°的视场角测量平面接收到的太阳辐射。SR15-A1 总辐射表既可以在户外阳光下使用，也可以在室内基于灯的太阳模拟器使用。它的安装方向取决于具体应用，可以是水平的、倾斜的（用于阵列辐射平面）或倒置的（用于反射辐射）。

图 2-5 SR15-A1 总辐射表

边界面的风速和风向情况通过艾测-16026 电接风向风速仪进行测量。艾测-16026 电接风向风速仪是采用新技术的改进型，如图 2-6 所示。风速、风级采用超高亮数码分两排显示。上排显示实时风速、1min 平均风速以及最大风速值；下排显示实时风级、预置警报风级。风向标识盘采用字符直观地显示 16 个方位。该仪器具有预置风级报警功能，并可同时控制外部其他设备。该仪器配有专用打印机接口，可全天候记录风速、风向。艾测-16026 电接风向风速仪的详细技术参数见表 2-2。

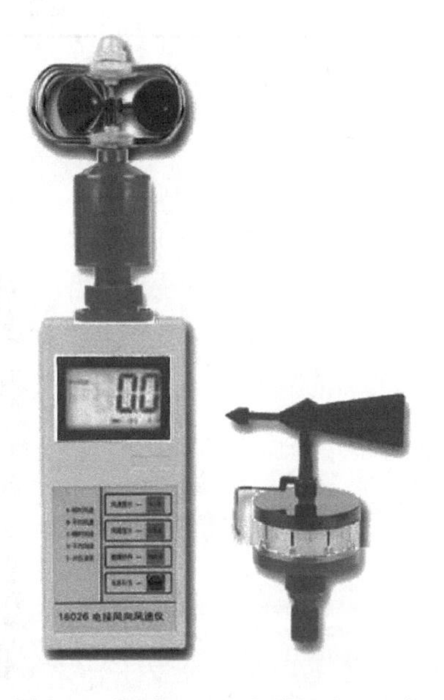

图 2-6 艾测-16026 电接风向风速仪

空气温度和相对湿度由艾沃斯温湿度仪

进行测量，测量高度距地面 1.5m。手持式温湿度仪艾沃斯 W8 如图 2-7 所示，它的具体技术参数见表 2-3。

表 2-2　艾测-16026 电接风向风速仪详细技术参数

风速技术指标	测量范围	0~30m/s
	起动风速	0.8m/s
	测量精度	±(0.3+0.03v)m/s（v 表示风速）
	风速参数	瞬时风速、平均风速、瞬时风级、平均风级及其对应浪高
	显示分辨率	0.1m/s（风速）1 级（风级）0.1m（浪高）
风向技术指标	测量范围	0~360°，16 个方位
	起动风速	1.0m/s
	测量精度	±1/2 方位，风向不超过 3°
	风速定北	自动
工作环境	温度	-10~45℃
	湿度	≤100%RH（无凝结）
供电电源		3V（3.4~2.68V）
尺寸和质量	尺寸	410mm×100mm×100mm
	质量	0.5kg

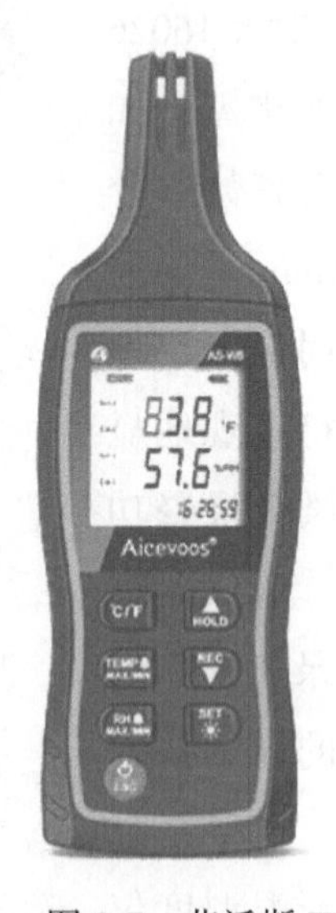

图 2-7　艾沃斯 W8

表 2-3 艾沃斯 W8 技术参数

湿度测量范围	0~100%RH	测量精度	±3%RH
温度测量范围	-20~60℃	测量精度	±0.3℃
湿度采样时间	8s	温度采样时间	>2s
电池	3×1.5V	尺寸	188mm×63.5mm×27mm

进风面温湿度采用 HOBO 小型气象站固定点测量，测量高度为距地面 1.5m。太阳辐射强度通过电压式太阳辐射强度仪进行测量，仪器通过光照强度引起的电压变化进行记录，后续数据通过相关公式进行单位转换。在数据测量过程中采用 HOBO 小型自动气象站进行数据采集和保存，具体如图 2-8 所示。它的详细技术参数见表 2-4。HOBO 小型自动气象站特点如下：

（1）智能型传感器，无须复杂的接线、编程及标定等过程；

（2）可接最多 15 个传感器，可测空气温度和湿度、降雨量、大气压力、光合有效辐射、太阳总辐射、土壤湿度、叶片湿度、风向、风速等参数；

（3）系统耗电量很低，采用 4 节 AA 碱性电池或锂电（耐高温和严寒）供电；

图 2-8 HOBO 小型自动气象站

（4）数据采集器 15 个通道，采用总线式结构，自动检测传感器；

（5）数据采集器内存 512kB，可存储 500000 个数据；

（6）RS232 标准数据接口；

（7）灵活的安装方式以消除传感器间相互干扰。

表 2-4　HOBO 小型自动气象站详细技术参数

基本技术指标	工作温度	−20～50℃
	时间精度	0～2s 第一个数据节点；每周±5s（+25℃）
	H21-001 数据采集器	15 个通道，标配 10 个传感器接口
土壤水分传感器	量程	0～40. 5%
	操作环境	−40～50℃
	精度	±3%
	分辨率	0. 04%
数据采集器技术指标	工作温度	−20～50℃
	时间精度	0～2s 第一个数据节点；每周±5s（+25℃）
温度传感器	量程	−40～75℃
	漂移	<±0. 1℃/年
	精度	±0. 2°（0～50℃）
	反应时间	<2. 5min
	分辨率	0. 03（0～50℃）
	探头尺寸	7mm×38mm
空气温湿度传感器（需要配备防辐射罩）	温度量程	−40～75℃
	湿度量程	0～100%（0～50℃）
	湿度漂移	±1%/年
	温度漂移	<±0. 1℃/年
	湿度精度	±2. 5%RH
	温度精度	±0. 2℃（+25℃）
	湿度反应时间	5min
	温度反应时间	8min
	湿度分辨率	0. 1%（+25℃）
	温度分辨率	0. 02℃（+25℃）
	探头尺寸	10mm×35mm

续表 2-4

光合有效辐射	量程	0~2500μmol·s/m²
	工作环境	-40~75℃
	精度	±5μmol·s/m²
	漂移	<±2%/年
	分辨率	2.5μmol·s/m²
	光谱范围	400~700nm

在对湖泊进行实验研究时采用小型无线气象站，如图 2-9 所示。小型无线气象站的详细参数见表 2-5。

图 2-9 小型无线气象站

表 2-5 小型无线气象站的详细参数

名称	测量范围	误差
温度/℃	-30~60	±0.3
相对湿度/%	0~100	±3
雨量/mm	0~999	±3
风速/m·s^{-1}	0~50	±0.1
光照/lux	0~300	±3
气压/hPa	300~1100	±0.25

采用 Aicevoos AS-H8 多功能数字风速记录仪测量研究湖泊区域的风向和风速，如图 2-10 所示。Aicevoos AS-H8 多功能数字风速记录仪参数见表 2-6。

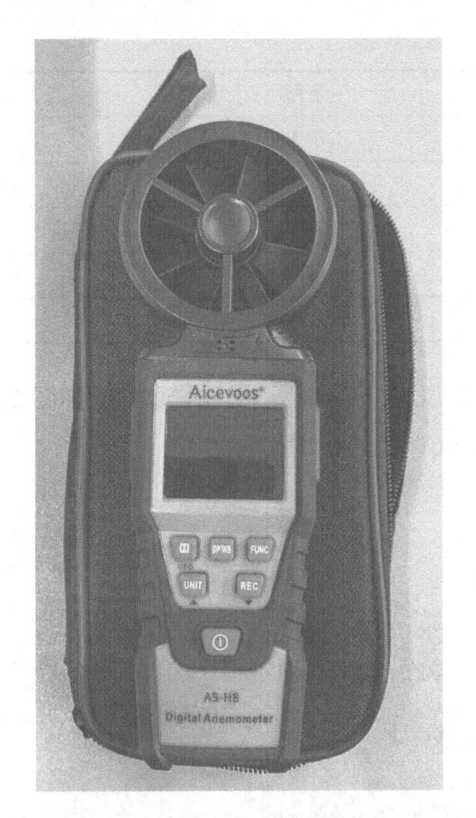

图 2-10　Aicevoos AS-H8 多功能数字风速记录仪

表 2-6　Aicevoos AS-H8 多功能数字风速记录仪参数

名　　称	测量范围	误差
风速/m · s^{-1}	0. 4～30	±0. 01
环境温度/℃	−10～50	±0. 1
湿球温度/℃	−20～60	±1. 5
露点温度/℃	−20～60	±1. 5
相对湿度/%	5～95	±4

2. 5　研究区域的实地测量结果

2. 5. 1　地形和植物数据的测量

滨河步道材料类型及建筑墙体材料情况均进行现场实地观察和记录，保证研究结果的准确性。为满足数值模拟建模的需要，需要对实地进行相关数据的测量。首先，采用 CS-600 激光测距仪对河流宽度、地形高差、道路宽度、建筑高差进行测量。本次调查地形参数测量以河流水面高度为 0m 的基准面，不同阶梯步道的高差数据均以相对于水面的高度进行记录。步道材料类型通过实地观察并记录。研究区域的实景拍摄如图 2-11 和图 2-12 所示。河岸实际测量结果见表 2-7。

图 2-11 河流右岸实景

图 2-12　河流左岸实景

表 2-7　河岸参数的测量情况

河流与两岸		宽度/m	材料类型	相对水面高度/m
河流		154	水体	0
左岸	第一步道	8.5	花岗岩	2.0
	第二步道	8.2	花岗岩	6.2
	第三步道	10.2	砖块+沥青	9.2
右岸	第一步道	8.2	花岗岩	1.9
	第二步道	7.8	混凝土	6.2
	第三步道	12.6	混凝土	9.2

本节涉及的建筑相关参数主要是建筑高度和墙体材料。经调查，研究区域内

建筑均为住宅建筑，主要分为别墅式住宅、一类高层住宅建筑、二类高层住宅建筑三种建筑类型。建筑高度通过激光测距仪 CS-600 进行测量，记录数据为相对于地面的高度值。建筑墙体材料相关参数通过实地观察并记录。建筑的高度和墙体材料见表 2-8。

表 2-8 建筑的高度和墙体材料

建筑类型	相对于地面的高度 /m	墙体的材料
别墅式住宅	10	混凝土
一类高层住宅建筑	60	混凝土
二类高层住宅建筑	35	混凝土

本节的研究区域主要包含草本、灌木、乔木三种植被类型。本次植被实地调查内容主要包括：草本植物的高度和分布；灌木的高度和分布；树木的高度、类型、冠幅、分布。植被的实地调查结果列于表 2-9 中。调查发现，不同区域的草本与灌木分布均存在主导类型，选择区域占据主导类型的草本与灌木进行抽样调查。实际的草本与灌木如图 2-13 所示。

表 2-9 植被的实地调查结果

植被类型	分布区域	高度/cm
狗牙根（草本）	右岸第二步道与第三步道之间	7~9
白茅（草本）	右岸第三步道花坛与小区建筑周边	30~35
芦苇（草本）	右岸第一步道至第三步道之间	3~5
金叶女贞（灌木）	右岸第二步道河岸侧	90~120
海桐（灌木）	右岸第三步道两侧	150~160
大叶黄杨（灌木）	右岸住宅小区花坛	70~80

(a)

(b)

图 2-13　草本与灌木的实拍
(a) 狗牙根；(b) 白茅；(c) 芦苇；(d) 金叶女贞；(e) 海桐；(f) 大叶黄杨

乔木类植被不仅利用其自身呼吸作用影响附近区域的热环境，而且对区域的遮阴调节和风道形成也具有很大的影响。乔木类植被的实地调查结果列于表 2-10 中。

表 2-10　乔木类植被的实地调查结果

类型	高度/m	冠幅/m	第一枝丫高度/m	分布区域
桂花	10~12	7.8~9.2	4	右岸第三步道河岸侧
	15~16	7.5~10	4	右岸第三步道小区侧
木榉	15~18	7~9	4.5	右岸住宅小区道路旁

续表 2-10

类型	高度/m	冠幅/m	第一枝丫高度/m	分布区域
榕树	8~10	7~9	3	右岸小区建筑旁
棕榈树	8~11	4~6	4	左岸第二步道至第三步道区域中心

2.5.2 气象参数的测量

需要测量的气象参数主要有空气温度、相对湿度、风速、风向、太阳辐射强度。边界面处的空气温度和相对湿度通过气象站进行固定点测量。仪器数据设置为自动记录，频次为每 5min 一次。气象站安装位置为小区进风口边界面和河流右岸边，安装高度均为距地面 1.5m。实验参数采集设备的安装如图 2-14 所示。

图 2-14 实验参数采集设备的安装

太阳辐射强度数据测量通过安装在建筑屋顶固定点的太阳辐射传感器记录。该仪器的原理是通过太阳辐射对传感器感光元件照射引起传感器内部电压变化进行记录，其内置有加热器可减少清晨露水的影响。辐射强度的计算见式（2-1）。

$$E = U/S \tag{2-1}$$

式中 E——太阳辐射强度，W/m^2；

U——电压，V；

S——仪器的灵敏值，它是由仪器元件决定的太阳辐射与电压之间的关系值，本仪器为 $(11.56\pm0.14)\times10^{-6}$ V/(W/m^2)。

对区域太阳辐射进行逐时的定点监测，时间间隔为 30s。为满足模拟输入需要，气象参数按每小时平均值记录。逐时气象参数的结果见表 2-11。

表 2-11　逐时的气象参数

时间	太阳辐射强度/W · m^{-2}	温度/℃	相对湿度/%
0:00	0.00	29.67	77.70
1:00	0.00	28.99	80.54
2:00	0.00	28.49	83.44
3:00	0.00	28.15	85.61
4:00	0.00	28.25	82.89
5:00	0.00	27.53	88.43
6:00	0.00	27.51	89.91
7:00	75.82	27.28	90.60
8:00	130.19	28.69	86.67
9:00	74.92	29.89	79.85
10:00	49.80	30.22	78.57
11:00	90.94	29.94	79.08
12:00	285.99	30.19	76.95
13:00	646.91	30.75	73.27
14:00	471.55	31.82	70.51
15:00	800.08	33.16	60.08
16:00	191.87	34.76	61.30
17:00	247.59	33.78	65.47
18:00	173.75	33.03	67.29
19:00	76.48	32.25	70.99
20:00	2.70	31.84	72.03
21:00	0.00	30.95	76.54
22:00	0.00	30.55	78.05
23:00	0.00	30.19	77.63

风速和风向的数据测量通过艾测-16026 电接风向风速仪进行，选择典型气象

日的数据作为验证模拟，当日主导风向东风，风速测量点为研究区进风边界处 1.5m 高，但后期数值模拟研究需要 10m 高风速作为输入的数据参数，通过式 (2-2) 进行不同高度的风速换算修正。风速测量以当天白天情况下的风速数据作为输入标准。测量频率为每小时测一次，每次记录以该时间段 1min 内的平均风速为记录值，低于 0.1m/s 最低测量标准的记录为 0m/s。进风口边界的风速计算结果列于表 2-12。

$$V_h = \frac{\lg h - \lg 0.02}{\lg 1.5 - \lg 0.02} V_0 \tag{2-2}$$

式中 V_h——距地面 h（计算高度）处的风速，m/s；

V_0——距地面 1.5m 高处的风速，m/s；

h——计算高度，m。

表 2-12 进风口边界的风速计算结果 (m/s)

时间	1.5m 高处测量风速	10m 高处的计算风速
9:00	0.32	0.46
10:00	0.00	0.00
11:00	2.30	3.31
12:00	1.40	2.02
13:00	0.60	0.86
14:00	0.00	0.00
15:00	0.30	0.43
16:00	1.80	2.59
平均风速	0.84	1.21

2.5.3 验证点气象参数的测量

辐射数据测量间隔时间为 30s，为了满足模拟输入参数需要，以每小时为间隔进行统计。为保证数值模拟结果的准确性，选择距地面 1.5m 高处的空间平面进行验证数据实测。对 1.5m 高处的平面区域长宽设置坐标轴，东西方向长度为 600m，设为 X 轴，南北方向长度为 300m，设为 Y 轴，设置计算机随机取点，在区域平面内随机选择 14 个验证点。研究区域验证点的分布位置如图 2-15 所示。

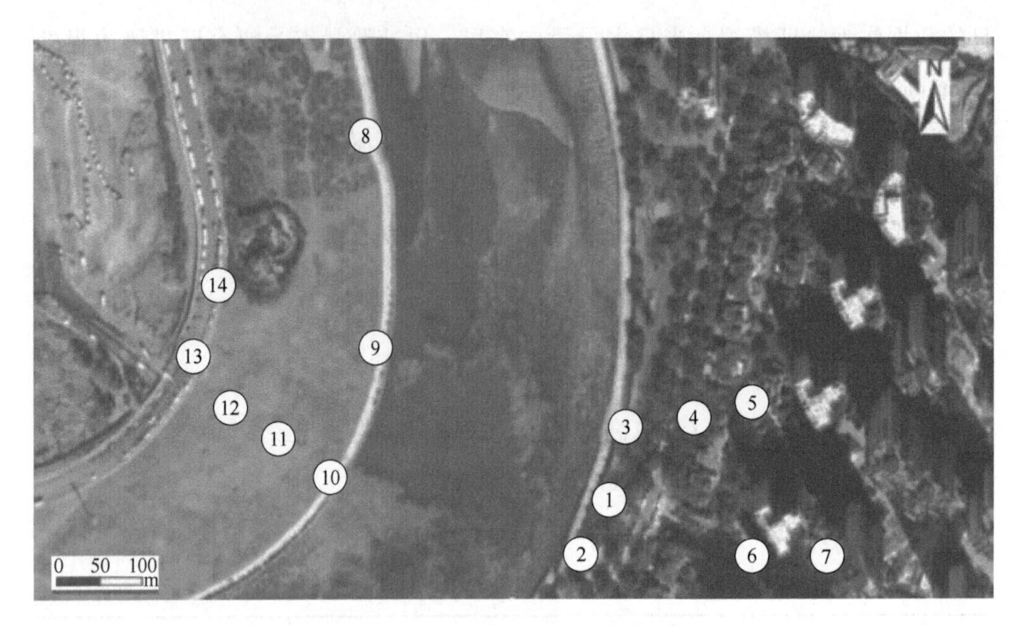

图 2-15 研究区域验证点的分布位置

为减少清晨云量对测量结果的影响，验证点的相关空气参数时间为 9:00—16:00，每小时记录一次数据，区域中的风速和风向数据由艾测-16026 电接风向风速仪进行记录。验证点的逐时温度测量结果见表 2-13，验证点的逐时相对湿度测量结果见表 2-14。

表 2-13 验证点的逐时温度测量结果 (℃)

验证点名称	9:00	10:00	11:00	12:00	13:00	14:00	15:00	16:00
验证点 1	25.49	25.68	24.95	27.39	28.89	30.42	30.64	30.65
验证点 2	25.51	25.70	24.95	27.38	28.88	30.40	30.63	30.64
验证点 3	25.54	25.72	24.95	27.38	28.89	30.41	30.64	30.64
验证点 4	25.57	25.77	24.97	27.39	28.90	30.43	30.65	30.65
验证点 5	25.59	25.80	24.99	27.41	28.92	30.48	30.69	30.67
验证点 6	25.21	25.51	24.94	27.46	29.03	30.62	30.83	30.79
验证点 7	25.06	25.44	24.95	27.54	29.18	30.83	31.00	30.92
验证点 8	26.64	25.69	25.86	27.28	29.75	30.24	30.46	30.49
验证点 9	26.60	25.68	25.84	27.25	29.72	30.19	30.43	30.46
验证点 10	26.59	25.67	25.83	27.24	29.69	30.14	30.36	30.41
验证点 11	26.64	25.68	25.83	27.24	29.70	30.16	30.39	30.43

续表 2-13

验证点名称	9:00	10:00	11:00	12:00	13:00	14:00	15:00	16:00
验证点 12	26.62	25.68	25.83	27.24	29.69	30.15	30.38	30.42
验证点 13	26.60	25.66	25.82	27.23	29.69	30.16	30.40	30.43
验证点 14	26.58	25.66	25.84	27.25	29.71	30.16	30.39	30.42

表 2-14 验证点的逐时相对湿度测量结果 (%)

验证点名称	9:00	10:00	11:00	12:00	13:00	14:00	15:00	16:00
验证点 1	70.97	70.37	69.91	69.14	58.15	52.07	50.95	49.73
验证点 2	70.88	70.31	69.87	69.12	58.15	52.08	50.98	49.77
验证点 3	70.64	70.15	69.84	69.12	58.14	52.07	50.96	49.75
验证点 4	70.43	69.94	69.77	69.12	58.15	52.07	50.94	49.72
验证点 5	70.09	69.71	69.75	69.14	58.17	52.05	50.87	49.61
验证点 6	72.40	71.41	70.23	69.19	58.03	51.80	50.53	49.16
验证点 7	73.04	71.82	70.36	69.13	57.82	51.47	50.07	48.62
验证点 8	71.67	70.99	70.42	64.60	53.63	52.59	51.56	50.47
验证点 9	71.77	71.02	70.50	64.68	53.70	52.67	51.65	50.58
验证点 10	72.13	71.30	70.64	64.76	53.78	52.76	51.75	50.69
验证点 11	72.08	71.16	70.46	64.63	53.67	52.67	51.69	50.66
验证点 12	72.13	71.15	70.44	64.61	53.65	52.66	51.70	50.69
验证点 13	72.06	71.07	70.39	64.57	53.62	52.64	51.70	50.71
验证点 14	72.09	71.08	70.39	64.56	53.60	52.61	51.66	50.65

参考文献

[1] Fan H, Sailor D J. Modeling the impacts of anthropogenic heating on the urban climate of Philadelphia: a comparison of implementations in two PBL schemes [J]. Atmospheric Environment, 2005, 39 (1): 73-84.

[2] 陈卓伦，赵立华，孟庆林，等．广州典型住宅小区微气候实测与分析 [J]．建筑学报，2008，11：24-27.

[3] 刘滨谊，张德顺，张琳，等．上海城市开敞空间小气候适应性设计基础调查研究 [J]．中国园林，2014，30 (12)：17-22.

[4] 任超，吴恩融．城市环境气候图：可持续城市规划辅助信息系统工具 [M]．北京：中国

建筑工业出版社，2012.
[5] 朱颖心．建筑环境学［M］. 4 版. 北京：中国建筑工业出版社，2016.
[6] 谭羽飞，吴家正，朱彤．工程热力学［M］. 6 版. 北京：中国建筑工业出版社，2016.
[7] 左然，徐谦，杨卫卫．可再生能源概论［M］. 3 版. 北京：机械工业出版社，2021.
[8]《成都年鉴》编辑部. 成都年鉴（2021）［M］. 北京：新华出版社，2022.

3 ENVI-met 计算模型的建立和验证

计算流体力学仿真软件虽在城市风环境研究方面得到广泛的应用，但在城市气候的实地研究中，由于没有考虑植被的呼吸作用与蒸腾作用的影响，因此数值模拟结果和实测值之间存在误差。ENVI-met 软件是在计算流体力学的理论基础上结合植物学、热舒适等相关理论研发出来的适用于城市气候的微环境模拟软件，也是目前世界上应用最广泛的城市微气候软件。它弥补了常规 CFD 计算的缺点，很快在全世界范围内得到了推广和应用。戴菲等人对利用 ENVI-met 微气候模拟软件进行研究的文章进行了梳理。结果显示跨学科合作明显，国外相关研究形成紧密的网络状，国内合作度低，成果零散。研究热点集中于形态学视角的热环境模拟、下垫面类型与城市微气候、空气污染监测与调控、基于人体感知的热舒适性研究。

杨小山利用城市小尺度三维微气候模拟软件 ENVI-met 对室外热环境进行模拟分析，首先对软件的适用性和稳定性进行验证，然后对测试区域的室外热环境进行模拟并与实测值进行对比。各类型地表表面温度和近地空气温度的空间分布特征、日变化规律、数量级及动态变化过程的模拟结果与实测结果基本一致，表明 ENVI-met 模型具有实际应用意义。曾穗平采用 ENVI-met 温度反演与 CFD 软件模拟相结合的技术路线，以风速、风压、风速比、不良风速面积比等物理参量作为评价标准，指出了风环境系统与天津高密度区域功能和结构协调中所面临的问题，进而提出风源与风道、风道与风汇区、风道系统相协调的规划设计技术方法。马舰等人分别用 Fluent 和 ENVI-met 软件对同一个小区进行了热岛强度的模拟研究。分析比较这两个软件的模拟结果，发现两个软件在模拟过程中各有利弊。

（1）ENVI-met 需要简化建筑模型。若项目有特殊的、相对复杂的造型并且需要重点观察造型的周边温度、风速等参数时，ENVI-met 不能满足要求。针对这一点 Fluent 优势较明显。

（2）ENVI-met 系统包括诸如围护结构、下垫面、绿化植物等模块，系统自带相应材料的物性参数，省去了后期烦琐的编程步骤，降低了出错率。

不论是 ENVI-met 软件还是 Fluent 软件，都能较准确地模拟小区的热岛、风环境等情况。两个软件各有侧重点，在实际模拟过程中，应根据实际项目要求选择合适的软件。

秦文翠等人通过 ENVI-met 软件对北京市典型住宅建筑的微气候情况进行数值模拟研究，发现在住宅屋顶进行简单绿化后，空气温度平均降低 2~3℃，相对湿度平均降低 2.7%，风速平均降低 0.34m/s。劳钊明等人利用 ENVI-met 软件对中山市的室外热环境进行研究，定量分析了城市建筑物和绿化设施对夏季热环境的影响，并对有植被街道和无植被街道两种情况进行模拟。詹慧娟等人应用 ENVI-met 软件对三维植被的温度分布情况进行研究，选择离散分布的山杨、侧柏松等人工林场景在实测数据的基础上进行参数敏感性研究和实验验证，结果发现实测值与模拟值较为接近，这表明 ENVI-met 软件能够准确地模拟三维植被温度场的分布规律。

王可睿对城市景观水体在居住小区的室外热环境进行了研究，以标准有效温度 SET * 作为热环境评价指标，发现静止水体有一定的降温增湿作用，但太阳辐射依旧起决定作用，难以达到较好的热舒适水平。此外，其对小区内景观水体的规模和布局进行了研究，结果表明景观水体的热环境影响能力与天空角系数、风速风向、水体规模等相关参数密切相关。陈亭采用 ENVI-met 软件模拟南京市城区内四个典型下垫面的微气候，并从模式模拟尺度、城市建筑物高度变化、城市绿化覆盖度变化 3 个方面模拟影响城市气温变化的因素。马腾采用 ENVI-met 软件对呼和浩特市阿尔泰公园的微气候进行模拟，将模拟值与实测值进行对比分析校验，认为该软件可以模拟呼和浩特市城市公园的热环境。陈琳涵运用 ENVI-met 研究不同尺度城市绿地的冷岛效应，结果显示温度、平均辐射温度与斑块周长、景观破碎度呈显著正相关，与斑块面积呈显著负相关；相对湿度、CO_2浓度与斑块周长呈显著正相关。因此，布设绿地时，应设计形状简单，边界规则的绿地，尽量降低破碎度、增大绿地面积。乔灌草型绿地空间结构丰富，三维绿量高且有利于发挥冷岛效应降温增湿作用，改善公园整体环境。

本章主要介绍 ENVI-met 软件计算模型的建立和验证。首先，采用 ENVI-met 软件对河流及其滨河空间区域进行三维建模；然后，将实地测量的气象参数输入 ENVI-met 软件进行数值模拟，将输出结果与验证点的实测结果进行比较，验证 ENVI-met 软件的准确性和可行性。

3.1 ENVI-met 软件简介

城市热环境领域的数值模拟是基于计算机运算能力，根据有限元法和计算流体力学的相关理论与知识，通过数值计算结果与图像表达模拟结果完成对城市热环境各领域问题的研究。城市微气候仿真软件 ENVI-met 是由德国的 Michael Bruse（University of Mainz，Germany）开发的一款免费的多功能系统软件，可以用来模拟住区室外风环境、城市热岛效应、室内自然通风等。ENVI-met 一共由四个板块组成，分别为建模板块 ENVI-met Eddi Version、编程模块 ENVI-met Configuration Editor、计算板块 ENVI-met Default Config 以及结果显示板块 LEONARDO。

本节采用的数值模拟软件 ENVI-met V4.4.6 学生版，是目前全球微气候及热舒适领域应用最为广泛的软件工具之一。该软件基于传热学、计算流体力学、植物生理学、材料学等相关领域的基础知识，综合考虑研究区域的土地覆被、建筑布局、太阳辐射、水体蒸发、植被蒸腾等多种因素对区域热环境的影响，实现动态耦合研究。

ENVI-met 软件模拟主要分为以下四个步骤：

（1）数据库的建立；

（2）研究区域三维模型的建立；

（3）模拟气象参数的设置；

（4）数据的后处理。

3.2　河流对微气候影响的研究思路

河流对微气候影响的研究思路如图 3-1 所示。

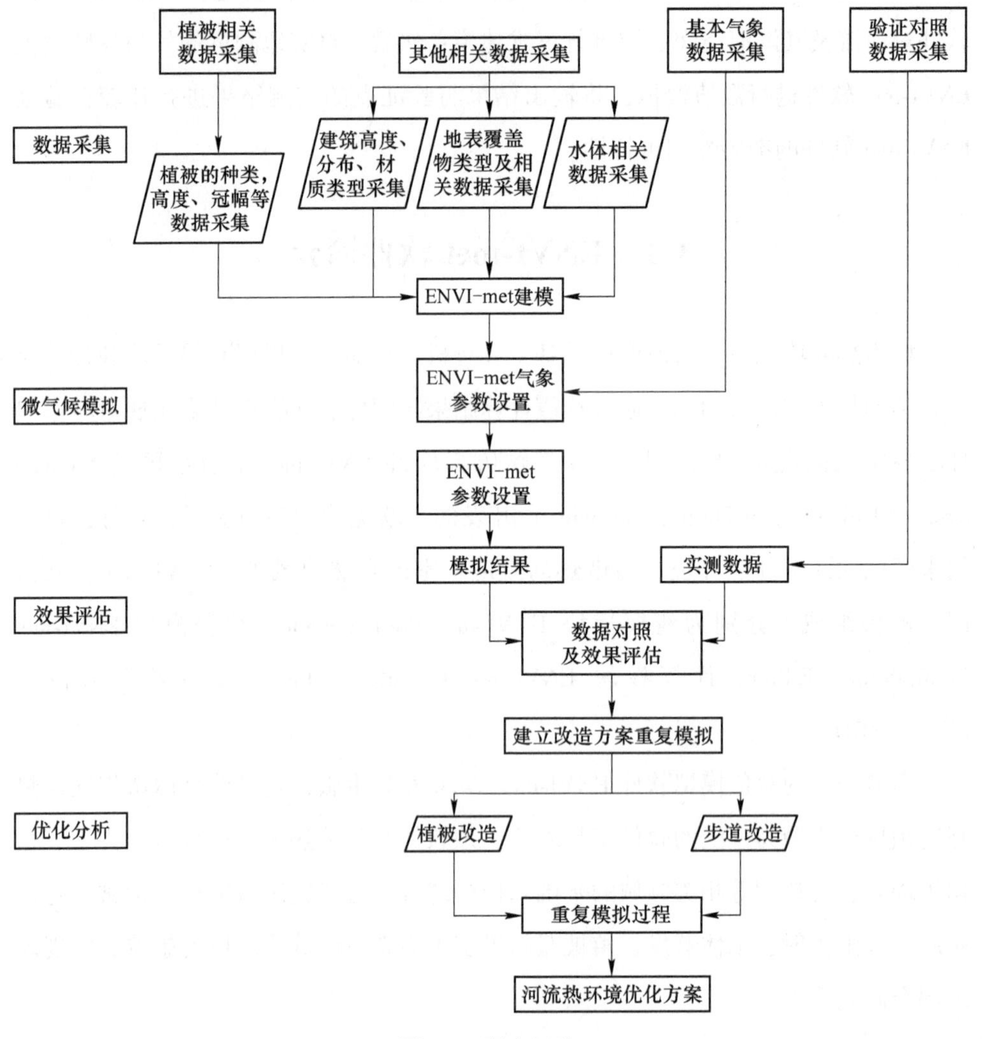

图 3-1　研究思路

3.3　数据库建立

ENVI-met 软件自身拥有基本的建模数据库，主要包括土地类型（soils）、建筑墙体（walls）、基本建筑材料（basic materials）、植被（plants）、绿化（greening）等。因为研究的差异性，软件自带数据库无法满足所有研究者的全部需要，所以该软件提供了开放数据库的建立功能。研究者可以根据研究的需要，通过 Data and Settings 中的 Database Manager 和 Albero 在 ENVI-met 已有的数据库基础上，结合实地调研情况，对相关数据进行调整和补充，从而建立对应的数据库。其中，乔木由于种类丰富性、结构多样性和影响复杂性的特点，需要单独通过 Albero 进行三维植被建模和参数设置。

本节研究的材料库建立主要分为两个部分：一部分是材料参数库；另一部分是三维植被数据库。材料参数库主要是建筑墙体材料的设置与下垫面材料的设置，由于研究区域内的住宅建筑无大面积玻璃幕墙，因此墙体材料统一设置为混凝土墙体。研究区域的下垫面材料主要有两种：一种是自然下垫面，有土壤、水体等；另一种是人工下垫面，主要是道路的材料，如混凝土、沥青、花岗岩、砖块等。根据研究区域的实际情况选择相关材料。此外，材料库还需要建立三维乔木模型。

3.4 建模与参数设置

3.4.1 建模前准备

（1）基本地理参数设置。本研究区域水平空间范围为东西长 600m、南北宽 300m，从地理位置数据库选择模拟地点为成都市。之后，进一步精确当地经纬度数据，输入研究区域经纬度数据（北纬 30°48′，东经 104°07′）。不同地理位置的太阳照射时间与太阳高度角均存在差异，精准的经纬度设置能够减少后期太阳辐射的误差影响。

（2）网格设置。ENVI-met 的网格分辨率设置可在 0.5~10m 范围内，需综合考虑运算量与计算机性能，分辨率设置为 5m，水平方向网格数量设置为 120×60。为消除上边界顶部效应对研究区域的影响，要保证在垂直方向上，边界高度 Z 不小于两倍的建筑高程，即 $Z \geqslant 2Z_{max}$，Z_{max} 是最高建筑的高度。根据激光测距仪的测量结果，最高建筑相对地面高度为 60m，考虑建筑地面与研究区域最低水平面高程差 9.2m，则模拟的最低高程需不小于 138.4m。因此，最低高度设置为

140m，网格分辨率为 2m。与水平方向的固定网格不同，垂直网格设置分为等距网格与非等距网格两种。等距网格是垂直方向的网格高度相同，非等距网格是在等距网格的基础上，设置伸缩因子，让高度方面网格分辨率随着高度增加而降低。这是由于大多研究偏向于近地面空间精度要求较高，而高层空间的精度要求较低，设置伸缩因子放大高层网格长度，可减少网格数量，降低计算机单次模拟的运算时间。此外，在垂直网格和非垂直网格的基础上，可对地面的初始网格进行五等份拆分，满足研究者对于近地面微气候的高精度研究要求。本次研究设置伸缩系数为 20%，高于地面距离 5m 开始进行伸缩，地面的初始网格垂直方向五等份拆分，能够很好地满足本研究对于近地面道路、水体、植被、建筑等因素对区域微气候的影响。

（3）基础水平高度与材料设置。选择当地的水平测量高度，设置为 456m，研究区域坐标（0，0）的网格作为基准。材料设置主要是建筑墙体材料与地面材料，本次的建筑墙体材料均设置为混凝土，对于窗墙比与墙体颜色等相关参数不做研究。初始的地表材料设置为 Loamy Soil（肥沃土壤），土壤占比最高，后期可在此基础上更改为其他材料。

（4）底图的导入。为保证模型内部道路、建筑、水体、植被等参数的设置准确，需要在建模开始前导入 bmp 底图，方便内部模型的定位。本研究通过 arcgis 将研究区域高分辨率的土地利用影像导出为 bmp 格式，选择软件 Digtize 版块中的 Select bitmap，导入研究区域底图。bmp 底图不是建模的唯一定位标准，需要结合现场的实地调查，对区域发生改变的地方进行更改，这样才能保证模型与实际情况相符合。

3.4.2　ENVI-met 模型的建立

ENVI-met 模型由三个子模型和空间内配套的网格系统组成，三个子模型分别是三维空间主体模型、一维边界模型和一维土壤模型。ENVI-met 模型通过在三维空间内部设置地形、建筑、植被、水体等要素，后期在建立模型的基础上设置初始边界条件，模拟区域内部的介质传热、空气流动、植被蒸腾等。软件模拟的原理如图 3-2 所示。

（1）对区域的地形情况进行建模。本研究对象为府河的一段及其周边的滨河空间，河流的两岸存在地形高差变化，根据实地测量的地形数据进行地面

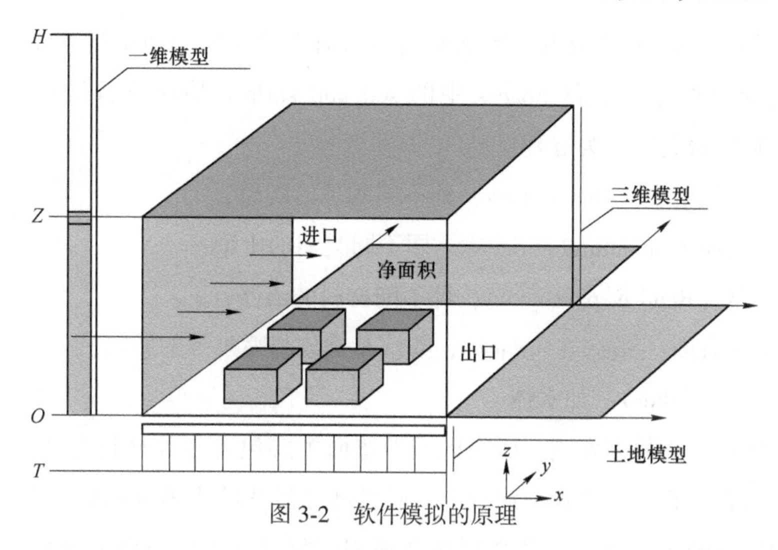

图 3-2 软件模拟的原理

DEM 设置。因为 ENVI-met 的网格设置为规则化网格，所以对于斜坡等地形变化只能尽量简化为阶梯变化进行建模。以河流水平面作为底面高度（$Z=0$m），各区域根据测量数据换算成相对河面的高差，再通过建模 DEM 部分功能进行建模。从河流逆流方向看，左岸河流与堤岸的高差是 2.0m，左岸步道呈现斜坡状，逐渐增高，最高处相对水面为 9.2m；河流右侧与堤岸的高差是 1.9m，第一步道后出现垂直阶梯，与第一步道高差 6.2m，第二步道右侧为乔木植被区域，斜坡形态，与水面高差为 6.2m，再往上是道路和小区，它们相对水面的高度均为 9.2m。模拟地形建模结果如图 3-3 所示。

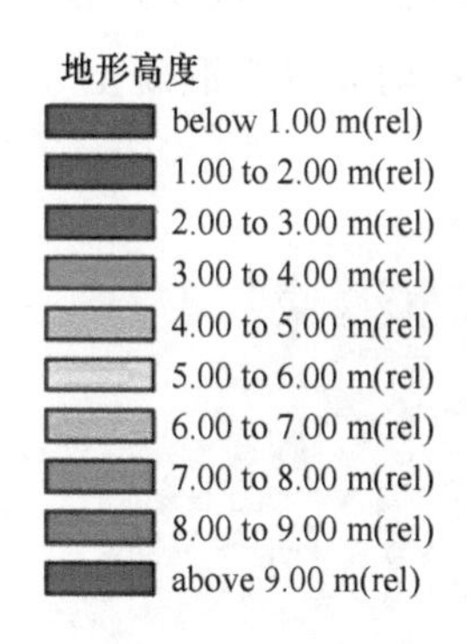

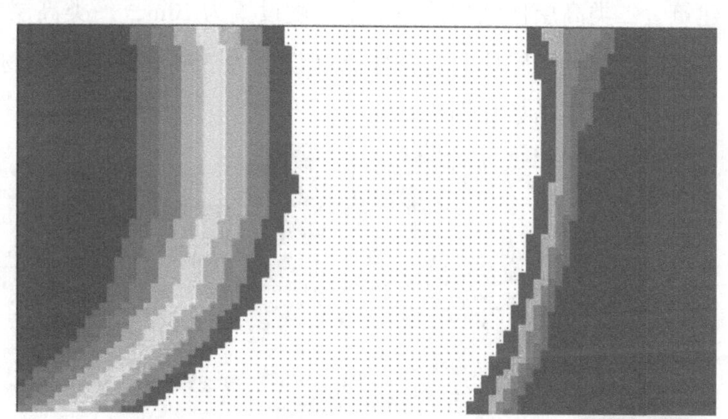

图 3-3 模拟地形

彩图

（2）结合 bmp 底图数据与实地测量结果对下垫面覆盖情况进行设置。下垫面覆盖情况通过建模软件 Spaces 中的 soil and surface 功能进行设置。soil and surface 中将地表类型分为五种：

1）装饰性地表（Decorative），即不同颜色的砖路；

2）自然地表（Natural surface），即不同类型的土壤；

3）道路（Road & pavement），即不同材料的道路；

4）特殊表面（Special surface），如汽车排放与喷泉等的影响；

5）其他（Other），如水体。

结合实地调查数据发现，研究区域下垫面主要包含六种材料类型，即水体、土壤、花岗岩、砖块、沥青、混凝土。通过高分辨率的土地利用影像 bmp 底图，结合实地调查的定位信息，从数据库选择相应材料，完成对研究区域下垫面的设置。

（3）对研究区域建筑进行建模。研究区域建筑高度与墙体材料设置，通过 Spaces 建模功能中的 Buildings 设置岸边的建筑物。首先，通过高分辨率的土地利用影像 bmp 底图，结合实地调查的定位信息，确定建筑位置与底图垂直投影面积，然后再结合建筑物实际高度数据，设置建筑底部与顶部高度。

研究区域内无镂空特殊建筑，Bottom of building or element 均设置为 0m，Top of building or element 设置为建筑物实际高度。区域内主要有别墅、一类高层住宅建筑、二类高层住宅建筑。别墅高度设置为 10m，一类高层住宅建筑楼高度设置为 60m，二类高层住宅建筑楼高度设置为 35m。建筑墙体材料均设置为混凝土。建筑物的建模结果如图 3-4 所示。

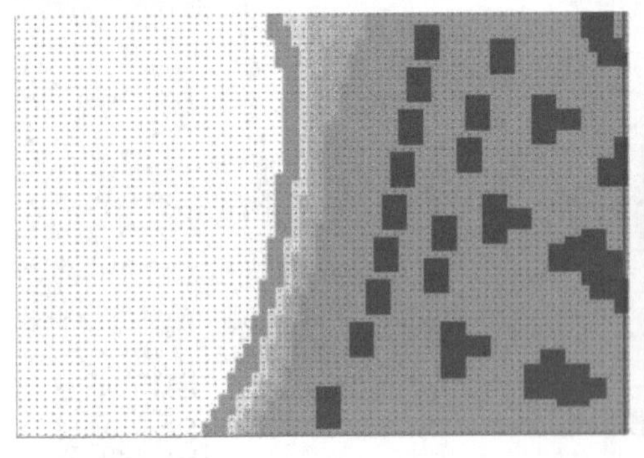

图 3-4　建筑物的建模结果

彩图

（4）植被设置。植被主要通过 Vegetation 功能进行设置，包括农作物、乔灌类、草本类、树篱类等。按照 bmp 底图和实测结果，在底图中找到对应的位置，选择数据库建好的植被模型，并布置到研究区域对应的位置处。ENVI-met 的最终建模结果，如图 3-5 所示。A、B、C、D 点为后续数值模拟过程中用来监测空气温度和相对湿度的变化。

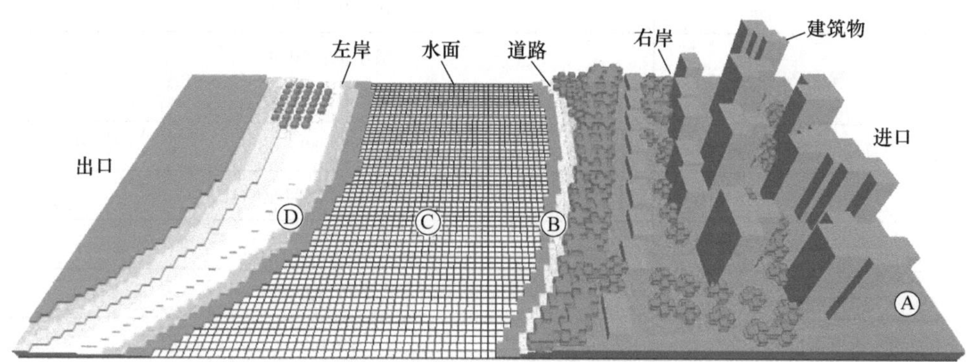

图 3-5 ENVI-met 计算模型

彩图

3.4.3 气象参数的设置

数值模拟输入的气象参数来源于前期的实测工作。首先，选择模拟开始时间与时长。首次数值模拟需要对模型进行误差精度验证，模拟开始时间设置为验证数据测量当日 0:00，精度验证选择白天 8h 的数据，ENVI-met 软件为保障模拟的准确性，前期需要 6~7h 的预热时间。因此，开始时间提前到 0:00，模拟时长 24h。其次，设置边界面条件。进风边界面需要设置逐时空气温度、相对湿度、风速、风向。逐时的空气温度和相对湿度数据，通过前期进风口边界面安装的 HOBO 小型气象站获得。当日最低气温是 27.28℃，出现在 7:00；最高气温是 34.76℃，出现在 16:00。最低相对湿度是 60.8%，出现在 16:00；最高相对湿度是 90.60%，出现在 7:00。

风速和风向数据输入为固定数据。当日主导风向为东风（风从右岸吹向左岸），风向设置为 90°，地表粗糙度设为 0.02，1.5m 高度处的平均风速为 0.81m/s，通过风速幂函数换算为 10m 高处的风速为 1.21m/s。太阳辐射数据选择当天太阳辐射强度仪导出数据作为输入，太阳辐射强度最高为 14:00 的 800.08W/m^2。初始模拟参数设置见表 3-1。

表 3-1　初始模拟参数设置

名　称	数　值
模拟开始时间	0:00
模拟时长/h	24
温度/℃	最小值：27.28 最大值：34.76
湿度/%	最小值：60.8 最大值：90.60
太阳辐射强度/W · m^{-2}	最大值：800.08
风向	东风（右岸吹向左岸）
10m 高处风速/m · s^{-1}	1.21
土壤温度/℃	19.85
土壤湿度/%	70.00
地表粗糙度/m	0.02

3.5　ENVI-met 数值模拟结果的验证

3.5.1　数值模拟结果与实测结果的比较

数值模拟技术的应用与发展，使得城市热环境的研究更加便捷。虽然数值模拟技术具有周期缩短、成本降低、角度多样等优点，但数值模拟研究并不能完全代替实地测量，模拟结果的准确性需要实验数据作为支撑。将模拟结果中 14 个验证点的温度和相对湿度数据导出，再对比验证点的模拟结果与实测结果如图 3-6 和图 3-7 所示。比较发现，河流两岸 14 个验证点温度实测值与模拟值的最大误差多出现在 13:00—16:00 之间。其中，9 个监测点最大误差值出现在 15:00。

从图 3-6 和图 3-7 中可以看到，空气温度的实测值与模拟值的变化趋势大体一致，模拟值的变化较为平缓，实测值在 11:00 与 16:00 均出现一定程度的温度降低现象。结合实测的气象数据发现，这是由于当日 11:00 和 16:00 区域风速提高，增加了河流水面的蒸发量，水体蒸发吸收更多的热量，因此该区域温度降低。

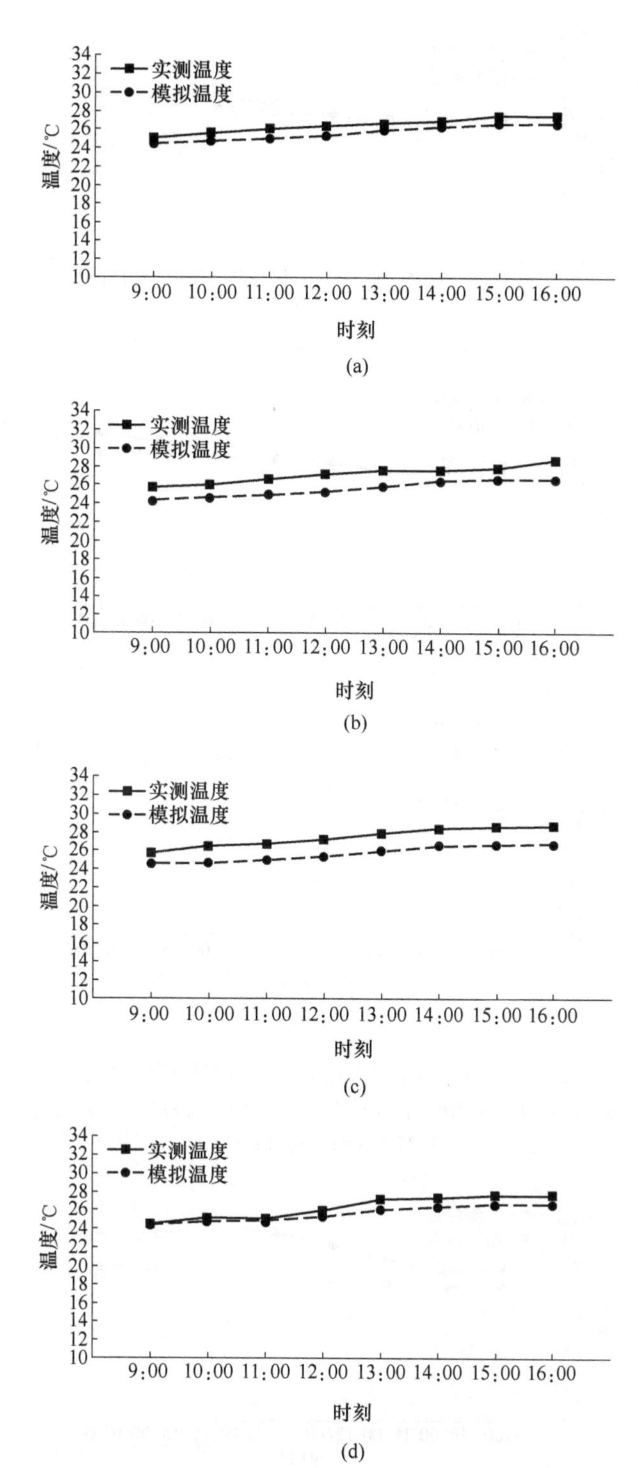
实测温度
模拟温度
温度/℃
34
32
30
28
26
24
22
20
18
16
14
12
10
9:00
10:00
11:00
12:00
13:00
14:00
15:00
16:00
时刻
(a)
实测温度
模拟温度
温度/℃
时刻
(b)
实测温度
模拟温度
温度/℃
时刻
(c)
实测温度
模拟温度
温度/℃
时刻
(d)

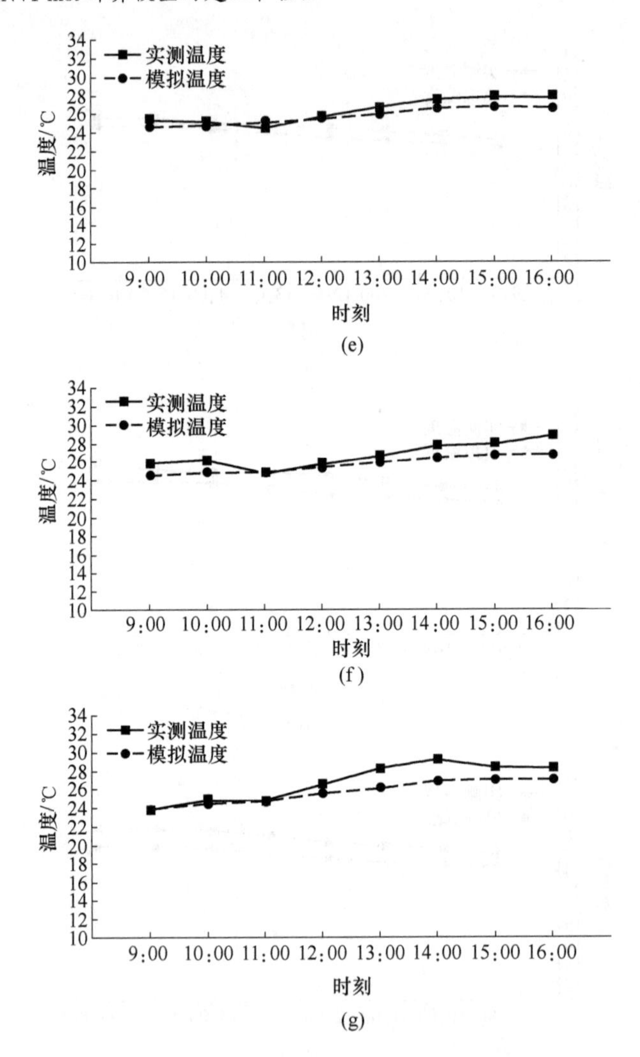

图 3-6　右岸验证点温度实测值与模拟值的对比

(a) 监测点 1；(b) 监测点 2；(c) 监测点 3；(d) 监测点 4；(e) 监测点 5；
(f) 监测点 6；(g) 监测点 7

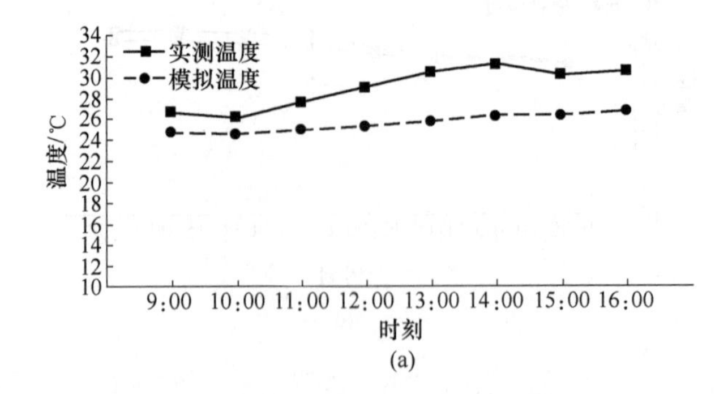

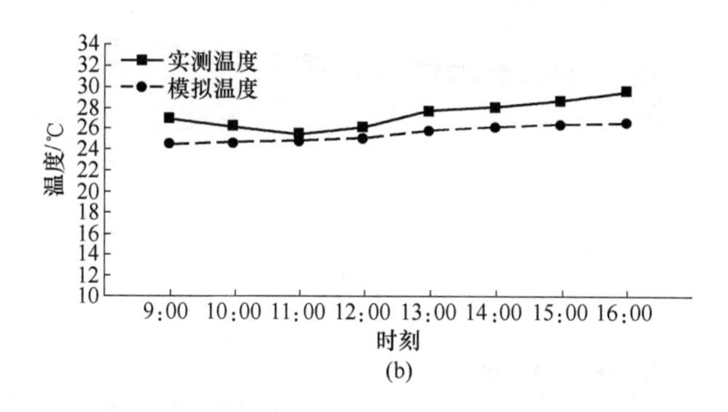
实测温度
模拟温度
温度/℃
34
32
30
28
26
24
22
20
18
16
14
12
10
9:00
10:00
11:00
12:00
13:00
14:00
15:00
16:00
时刻

(b)

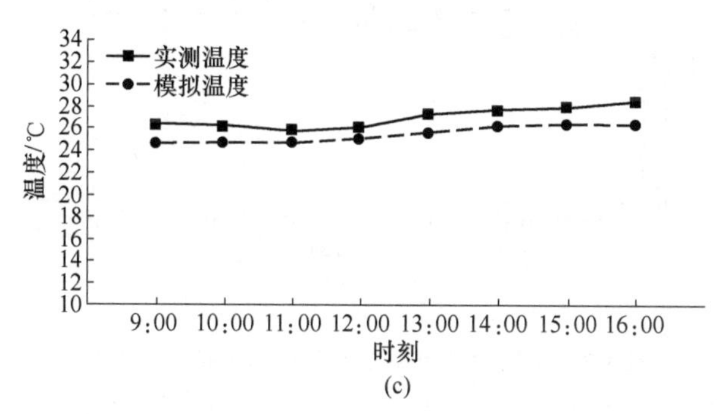
实测温度
模拟温度
温度/℃
34
32
30
28
26
24
22
20
18
16
14
12
10
9:00
10:00
11:00
12:00
13:00
14:00
15:00
16:00
时刻

(c)

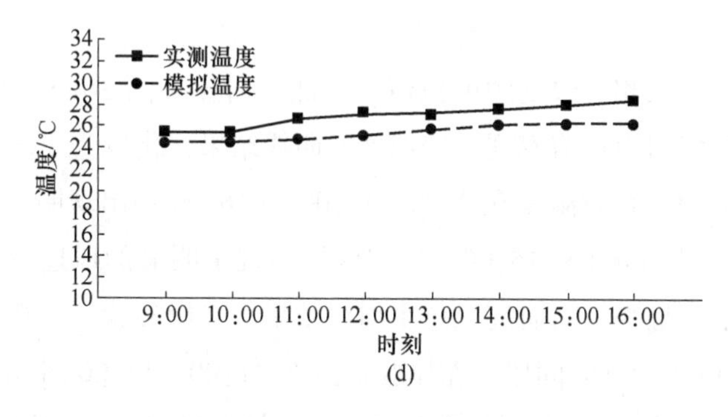
实测温度
模拟温度
温度/℃
34
32
30
28
26
24
22
20
18
16
14
12
10
9:00
10:00
11:00
12:00
13:00
14:00
15:00
16:00
时刻

(d)

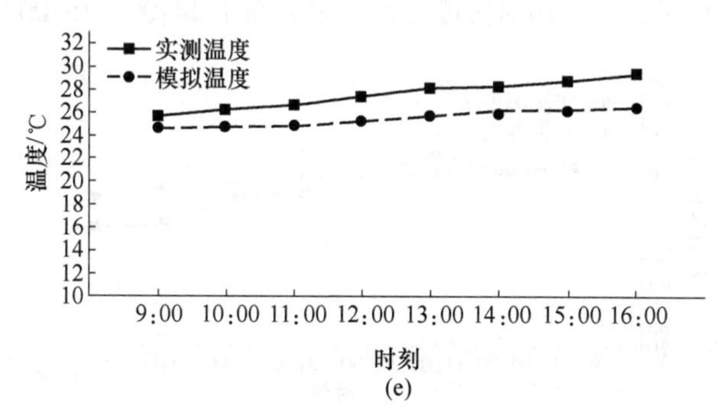
实测温度
模拟温度
温度/℃
32
30
28
26
24
22
20
18
16
14
12
10
9:00
10:00
11:00
12:00
13:00
14:00
15:00
16:00
时刻

(e)

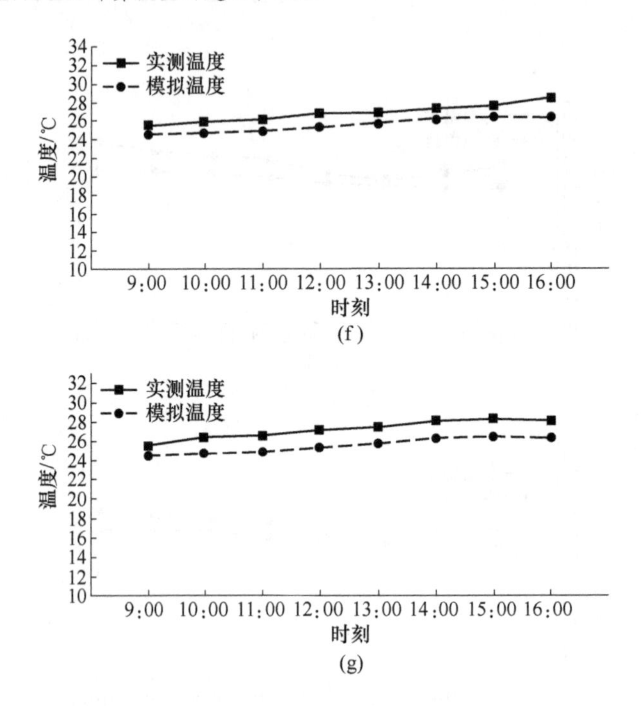

图 3-7 左岸验证点温度实测值与模拟值的对比

(a) 监测点 8；(b) 监测点 9；(c) 监测点 10；(d) 监测点 11；(e) 监测点 12；(f) 监测点 13；(g) 监测点 14

河流两岸验证点相对湿度的模拟值与实测值对比如图 3-8 和图 3-9 所示。对比验证点的实测值与模拟值发现，模拟值的曲线结果变化较为平缓，而实测值的结果存在较大波动，相对湿度在 9:00—11:00 和 16:00 均出现明显的升高。结合当日实测结果发现 11:00 和 16:00，研究区域出现了明显的风速提高现象，这导致河流的蒸发能力加强，对研究区产生增湿效果。右岸各验证点最高相对湿度差多分布在 11:00—12:00 时间段。左岸验证点在 11:00—13:00 时间段内相对湿度差值均处于较低水平，最大相对湿度差值主要分布于 14:00—15:00 时间段。

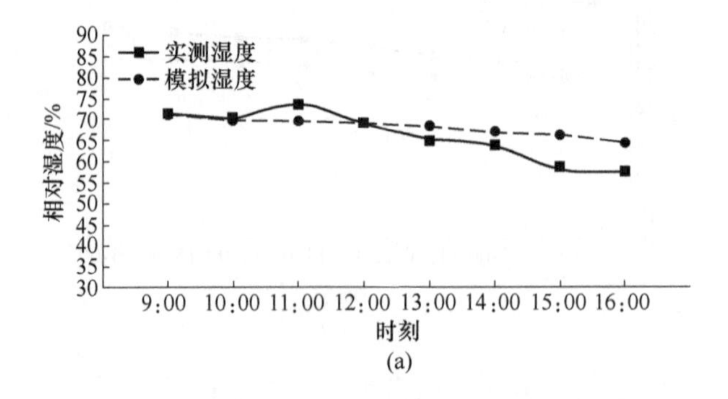

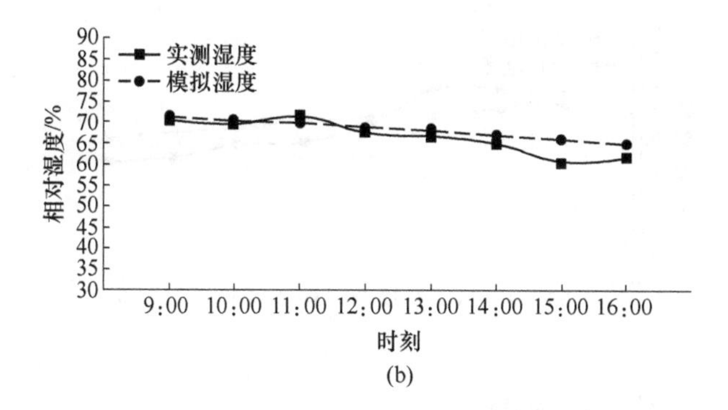
实测湿度
模拟湿度
相对湿度/%
90
85
80
75
70
65
60
55
50
45
40
35
30
9:00 10:00 11:00 12:00 13:00 14:00 15:00 16:00
时刻
(b)

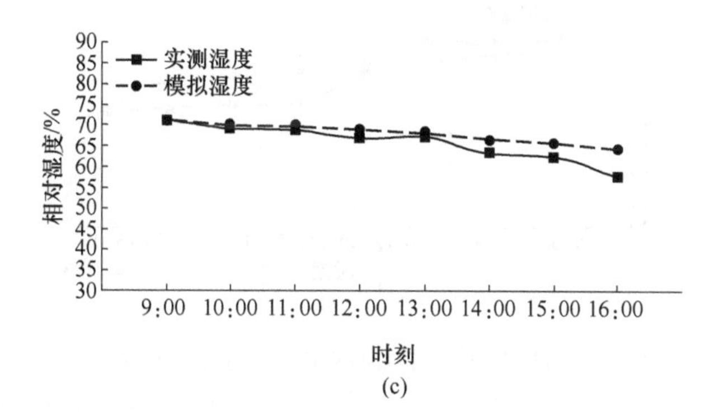
实测湿度
模拟湿度
相对湿度/%
90
85
80
75
70
65
60
55
50
45
40
35
30
9:00 10:00 11:00 12:00 13:00 14:00 15:00 16:00
时刻
(c)

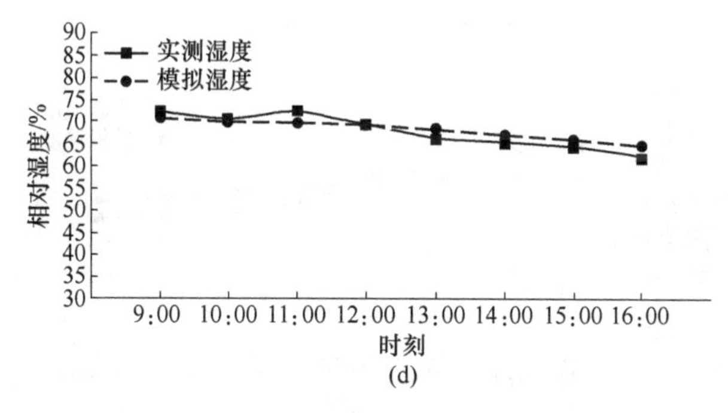
实测湿度
模拟湿度
相对湿度/%
90
85
80
75
70
65
60
55
50
45
40
35
30
9:00 10:00 11:00 12:00 13:00 14:00 15:00 16:00
时刻
(d)

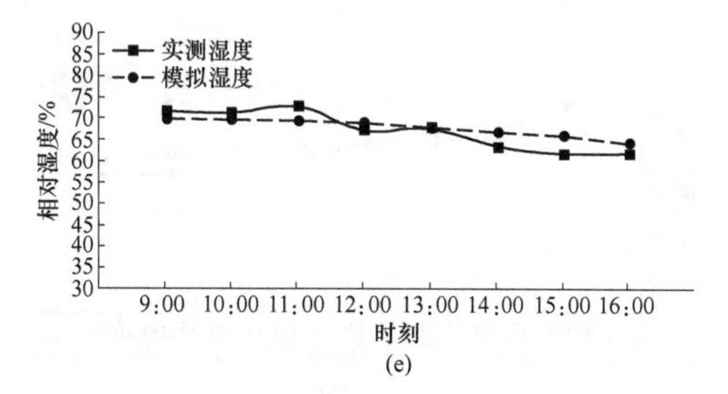
实测湿度
模拟湿度
相对湿度/%
90
85
80
75
70
65
60
55
50
45
40
35
30
9:00 10:00 11:00 12:00 13:00 14:00 15:00 16:00
时刻
(e)

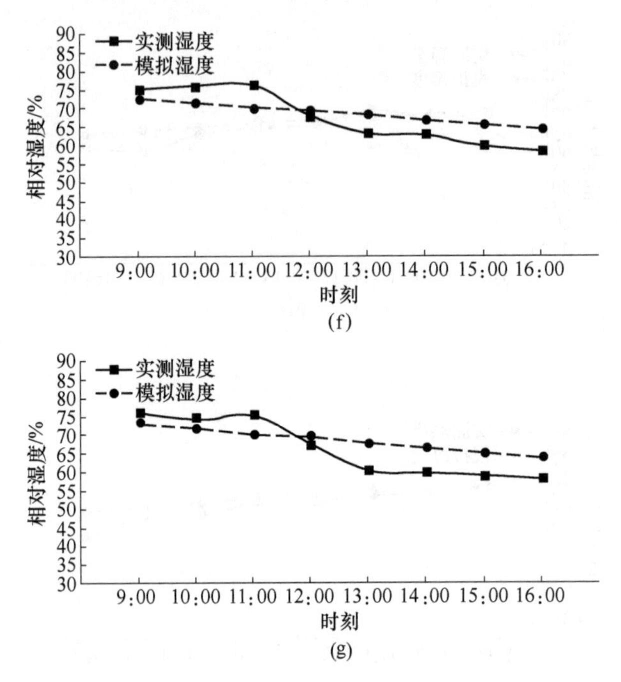

图 3-8　右岸验证点相对湿度实测值与模拟值的对比

(a) 监测点 1；(b) 监测点 2；(c) 监测点 3；(d) 监测点 4；(e) 监测点 5；(f) 监测点 6；(g) 监测点 7

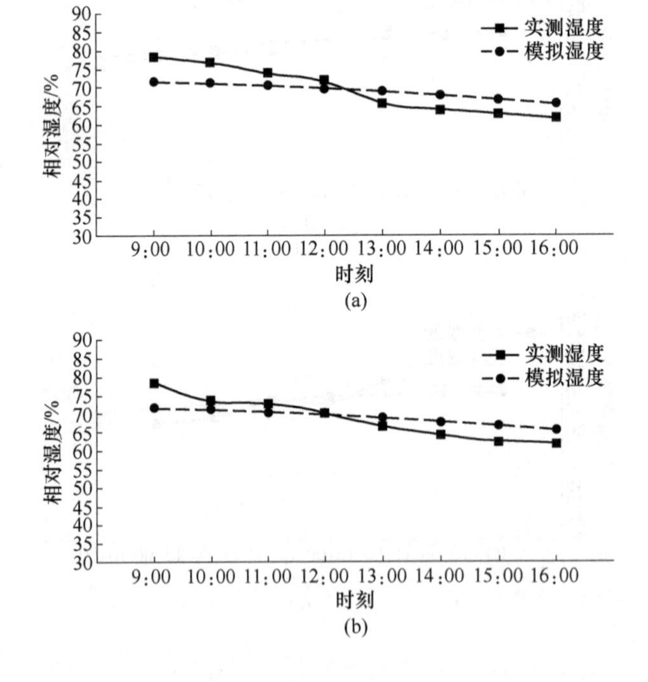

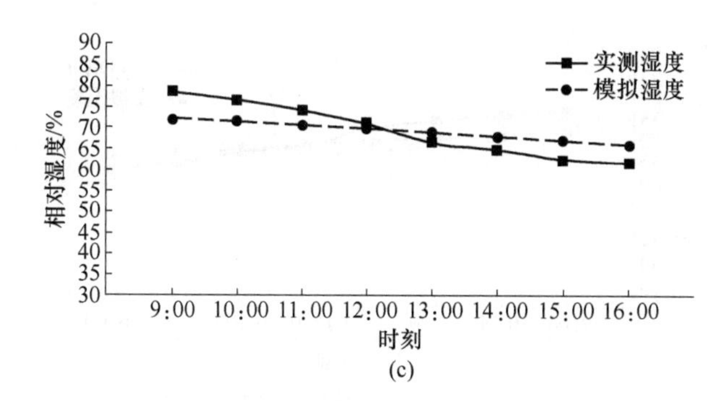
90
85
80
75
70
65
60
55
50
45
40
35
30
相对湿度/%
实测湿度
模拟湿度
9:00 10:00 11:00 12:00 13:00 14:00 15:00 16:00
时刻
(c)

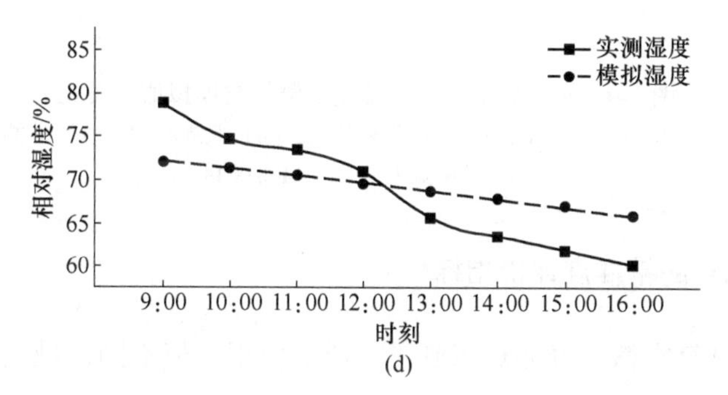
85
80
75
70
65
60
相对湿度/%
实测湿度
模拟湿度
9:00 10:00 11:00 12:00 13:00 14:00 15:00 16:00
时刻
(d)

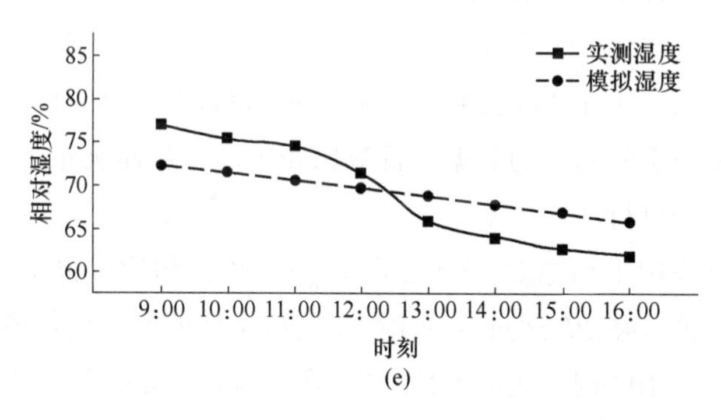
85
80
75
70
65
60
相对湿度/%
实测湿度
模拟湿度
9:00 10:00 11:00 12:00 13:00 14:00 15:00 16:00
时刻
(e)

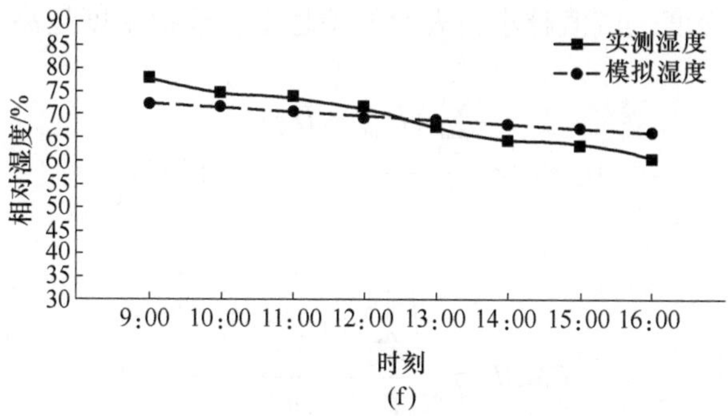
90
85
80
75
70
65
60
55
50
45
40
35
30
相对湿度/%
实测湿度
模拟湿度
9:00 10:00 11:00 12:00 13:00 14:00 15:00 16:00
时刻
(f)

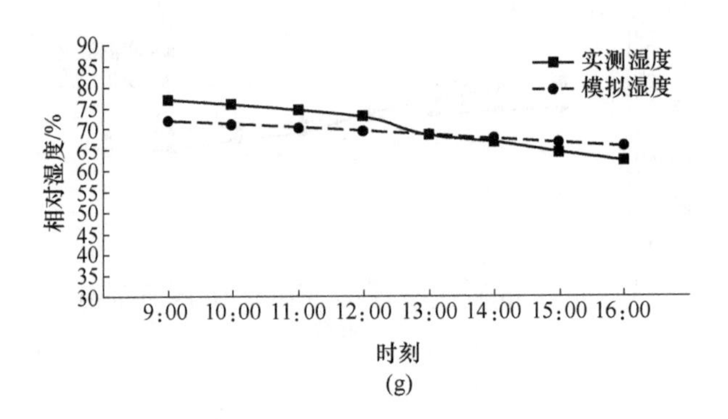

(g)

图 3-9 左岸验证点相对湿度实测值与模拟值的对比
(a) 监测点 8；(b) 监测点 9；(c) 监测点 10；(d) 监测点 11；(e) 监测点 12；
(f) 监测点 13；(g) 监测点 14

3.5.2 模拟结果的精准度评价指标

数值模拟计算在微气候领域得到了广泛的应用，但不同区域的空间结构与不同下垫面材料的组合极为复杂，因此需要对模拟结果的精度进行验证。ENVI-met 软件模拟对研究区域建模时进行了简化处理，外加受建模精度和人员活动等因素的影响，模拟结果与实际情况会存在差异。为了保证模拟结果的准确性，选择典型日的模拟结果与实际测量的数据进行对比和验证，从而确定采用 ENVI-met 软件模拟的准确性和可行性。

精准度评价采用平均绝对百分比误差（*MAPE*）和均方根误差（*RMSE*）对模拟结果进行评价。*MAPE* 通过百分比衡量模拟结果的好坏，当模拟结果与实测值的 *MAPE* 值低于 10%时，表明模拟结果精度较高。*RMSE* 用于衡量模拟数值和实测数值的偏差程度，该值越小，表明偏差越小，模拟精度越高。

$$MAPE = \frac{\sum_{i=1}^{n} |D_{\mathrm{m}i} - D_{\mathrm{s}i}|}{n} \times 100\% \tag{3-1}$$

$$RMSE = \sqrt{\frac{\sum_{i=1}^{n} (D_{\mathrm{s}} - D_{\mathrm{m}})^2}{n}} \tag{3-2}$$

$$R^2 = \left[\frac{\sum_{i=1}^{n} (D_{mi} - \overline{D_m})(D_{si} - \overline{D_s})}{\sum_{i=1}^{n} (D_{mi} - \overline{D_m})(D_{si} - \overline{D_s})} \right]^2 \tag{3-3}$$

式中 n——数据的数量；

D_{mi}——测量值；

D_{si}——模拟值；

$\overline{D_m}$——测量值的平均值；

$\overline{D_s}$——模拟值的平均值。

3.5.3 模拟结果的精准度验证

首先，进行时间尺度验证。将验证数据以小时为单位进行划分，对每个时间段 14 个验证点的空气温度数据和相对湿度数据的平均值进行验证。时间尺度数据的精准度验证结果见表 3-2。从表 3-2 中数据可以看到，空气温度的误差变化较为平稳，*RMSE* 最低值为 9:00 的 0.65℃，随着时间的增加，空气温度的值也升高，在 15:00 达到最大值 1.82℃。空气温度的 *MAPE* 与 *RMSE* 波动趋势相类似，在 11:00 达到最低值 1.69℃，在 13:00 达到最高 4.61℃。

表 3-2 时间尺度数据的精准度验证结果

时刻		9:00	10:00	11:00	12:00	13:00	14:00	15:00	16:00
空气温度	*RMSE*/℃	0.65	0.91	0.70	1.19	1.63	1.62	1.82	1.46
	MAPE/℃	2.02	3.12	1.69	3.79	4.61	4.60	4.60	4.03
相对湿度	*RMSE*/%	4.33	2.98	2.49	1.06	2.45	4.36	4.39	4.27
	MAPE/%	5.55	3.55	2.99	1.12	3.66	7.32	6.67	5.82

相对湿度的 *RMSE* 最低值为 12:00 的 1.06%，最大值为 15:00 的 4.39%。相对湿度的 *MAPE* 比温度大，最低值为 12:00 的 1.12%，最大值为 14:00 的 7.32%。不同时段模拟结果与实测值的 *MAPE* 均低于 10%，表明 ENVI-met 软件的模拟结果与实测结果误差较小，该软件的模拟结果可以较好地反映实际情况。

其次，进一步对不同位置验证点的空气温度与相对湿度进行精度验证。右岸监测点数据的精准度验证结果见表 3-3。从表 3-3 中数据可以看到，右岸验证点空气温度 *RMSE* 最高值是验证点 3 的 1.64℃，最低值是验证点 4 的 0.77℃。相对

湿度 *RMSE* 最高值是验证点 6 的 5. 88%，最低值为验证点 2 的 2. 19%。右岸验证点空气温度 *MAPE* 最高值为验证点 7 的 4. 81℃，最低值为验证点 5 的 1. 98℃。相对湿度 *MAPE* 最高值为验证点 6 的 8. 07%，最低值为验证点 2 的 2. 50%。

表 3-3　右岸监测点数据的精准度验证结果

验证点		验证点 1	验证点 2	验证点 3	验证点 4	验证点 5	验证点 6	验证点 7
空气温度	*RMSE*/℃	1. 59	1. 44	1. 64	0. 77	0. 78	1. 14	1. 55
	MAPE/℃	3. 81	4. 12	4. 70	2. 50	1. 98	3. 37	4. 81
相对湿度	*RMSE*/%	3. 70	2. 19	3. 37	4. 45	3. 80	5. 88	5. 72
	MAPE/%	4. 34	2. 50	4. 86	6. 26	4. 29	8. 07	7. 82

左岸监测点数据的精准度验证结果见表 3-4。从表 3-4 中可以看到，左岸验证点空气温度 *RMSE* 最高值为验证点 10 的 1. 60℃，最低值为验证点 8 的 1. 04℃。相对湿度 *RMSE* 最高值为验证点 10 的 4. 22%，最低值为验证点 9 的 2. 70%。空气温度的 *MAPE* 最高值为验证点 13 的 4. 68℃，最低值为验证点 8 的 2. 78℃。相对湿度的 *MAPE* 最高值为验证点 10 的 6. 87%，最低值为验证点 12 的 3. 98%。对比两岸不同验证点模拟结果与实测值可知，*MAPE* 均低于 10%。综上可知，建立的 ENVI-met 模型的计算结果是满足精度要求的，且计算结果是可信和正确的。

表 3-4　左岸监测点数据的精准度验证结果

验证点		验证点 8	验证点 9	验证点 10	验证点 11	验证点 12	验证点 13	验证点 14
空气温度	*RMSE*/℃	1. 04	1. 47	1. 60	1. 48	1. 17	1. 56	1. 11
	MAPE/℃	2. 78	3. 43	4. 02	4. 04	3. 37	4. 68	3. 21
相对湿度	*RMSE*/%	3. 69	2. 70	4. 22	2. 99	3. 12	3. 91	3. 57
	MAPE/%	5. 14	4. 14	6. 87	4. 61	3. 98	5. 94	5. 29

实验验证结果显示，14 个验证点的空气温度与相对湿度变化趋势基本相同，实测数据波动较大，模拟数据波动较小。*RMSE* 和 *MAPE* 的最大误差均低于 10%，14 个验证点中大部分的误差低于 5%，可以满足精度的要求，数值模拟结果能够较好地反映该区域热环境的实际变化情况。通过对不同位置验证点的对比，发现分布于河流两岸验证点在误差精度方面存在明显差异，河流下风向的验证点模拟结果与实测值偏差较小。验证结果表明，建立的 ENVI-met 模型的计算结果是可信和正确的，该软件可以用于河流热环境的模拟计算。

参 考 文 献

[1] 戴菲，王佳峰．城市空间规划设计的微气候调控效应研究综述——基于 ENVI-met 模拟的视角［C］// 中国风景园林学会 2022 年会论文集. 北京：中国建筑工业出版社，2023：46-54.

[2] 杨小山．广州地区微尺度室外热环境测试研究［D］. 广州：华南理工大学，2009.

[3] 曾穗平．基于“源-流-汇”理论的城市风环境优化与 CFD 分析方法——以天津市为例［D］. 天津：天津大学，2016.

[4] 秦文翠，胡聃，李元征，等．基于 ENVI-met 的北京典型住宅区微气候数值模拟分析［J］. 气象与环境学报，2015，31（3）：56-62.

[5] 劳钊明，李颖敏，邓雪娇，等．基于 ENVI-met 的中山市街区室外热环境数值模拟［J］. 中国环境科学，2017，37（9）：3523-3531.

[6] 詹慧娟，解潍嘉，孙浩，等．应用 ENVI-met 模型模拟三维植被场景温度分布［J］. 北京林业大学学报，2014，36（4）：64-74.

[7] 王可睿．景观水体对居住小区室外热环境影响研究［D］. 广州：华南理工大学，2016.

[8] 陈亭．南京城市近地表气温微气候模式模拟及其影响因素研究［D］. 南京：南京信息工程大学，2016.

[9] 马腾．呼和浩特市城市公园微气候实测与模拟研究——以阿尔泰公园为例［D］. 呼和浩特：内蒙古工业大学，2018.

[10] 陈琳涵．基于 ENVI-met 的不同尺度城市绿地冷岛效应研究［D］. 北京：北京农学院，2021.

[11] 马舰，陈丹．城市微气候仿真软件 ENVI-met 的应用［J］. 绿色建筑，2013，5（5）：56-58.

[12] Morice R O Odhiambo，Adnan Abbas，Xiaochan Wang，et al. Thermo-environmental assessment of a heated venlo-type greenhouse in the Yangtze River Delta region［J］. Sustainability，2020，12：10412.

4 河流对滨河空间微气候影响的数值模拟

城市化发展带来的人口聚集、能耗增加、下垫面改变，导致成都市区域温度呈现逐年上升趋势。在城市地区，自然土地的土壤已经被水泥路、沥青道路和混凝土建筑所取代，它们吸收和保留了很多白天的热量，产生了城市热岛现象。目前的研究表明，缓解热岛影响策略是增加开放空间，使城市通风和植物绿色覆盖。目前，城市河流和湖泊的岸边带规划与改造，大多集中于防洪与景观构建等基础功能的凸显，缺乏对热环境调节能力的必要关注。一些城市河流和湖泊的岸边带设计存在不合理的情况，忽略了城市河流调节局部热环境和构建舒适户外活动空间的能力。出于建设气候适应型城市的需要，众多学者和研究人员开始了城市空间的改造研究。对于已建设完成的城市区域，通过改变建筑布局等方案来营造更加舒适的室外活动环境的可行性较低。而城市河流和湖泊作为城市生态系统的重要组成部分，在改善热环境与调节局地气候热舒适性方面有着巨大的潜力可以挖掘。

城市河流的主要特点如下：

（1）水体自身比热容大，蓄热能力强，比热容比土壤和混凝土高；

（2）水体的投射作用可吸收大量太阳辐射热量，并且通过表面蒸发可吸收大量汽化潜热（约 2500kJ/kg）；

（3）与静止水体相比，城市河流能够通过流动进行热量传递，使其自身温度更容易保持在较低的水平，能够更加稳定高效地对滨河空间区域的热环境进行调节；

（4）河流表面开阔，易于风道的形成，有利于热量的散失。

此前的研究结果表明，水体对周围热环境的降温效果也会受到空间的影响，与狭长空间或封闭空间相比，靠近河流的滨水空间降温效果更好。齐静静用实测的方法研究了松花江沿岸不同下垫面构成情况下的风速、风向分布和温度分布情况，研究结果表明，河流在夏季对周围气候具有调节作用。傅抱璞采用实验的方法对湖泊、河流、水库分别进行研究，研究结果如下。

（1）深水域在冬季（但水面不封冻）和全年平均都有增温效应，在夏季一般是减温效应，但在高原地区仍可以有增温作用。浅水域一般全年都有增温效应，但在干旱地区，浅水域和深水域一样夏季也有减温效应。

（2）水域上的空气湿度在干旱地区全年都比陆上明显增大，在湿润地区，水上空气湿度一般也或多或少有所增大，但在水稻田地区，水域上冬、夏季和全年平均的相对湿度以及夏季的绝对湿度可以都比周围稻田低。

（3）水上风速一般都比陆上增大20%~100%，平均增大50%，且风速越小，增大的百分比越大。

（4）水体越深大，气候越干燥，水域的气候效应就越明显。

此外，傅抱璞还利用量纲分析和数理方法推得了可用解析函数表示的气流通过水域时各气象要素在水上和下风岸陆地上变化的公式。

Yang 等人研究了社区尺度的城市热岛对城市能源的影响。他们连续 3 年对南京的一个社区的空气温度和相对湿度进行测量，调查了两种类型的建筑用途（住宅和办公室）。在最热和最冷的天气，住宅（办公）建筑的日平均峰值冷负荷增加了 6%~14%（5%~9%），平均日峰值热负荷降低 4%~15%（3%~14%）。研究结果表明，局部尺度上城市热岛的时空变异性会对城市的建筑能源产生不同的影响。Anjos 等人研究了巴西一个城市不同天气情况对城市热岛的影响，研究结果表明，中部地区的气温明显高于郊区和农村地区，夜间和清晨热岛强度较强，其余时间热岛强度较弱。

Zheng 等人研究了我国福州市的土地利用/土地覆盖对城市热环境的影响，结果表明，城市热环境受到土地利用/土地覆盖类型和城市生长类型的双重影响。Moyer 等人研究了美国宾夕法尼亚州中部一个小城区的城市热岛，结果发现，距离河流每增加 1km，城市热岛就会降低 0.3~0.6℃。Moyer 等人还研究了宾夕法尼亚州中部一个被河流分隔的小城市地区的城市热岛，由 19 个市区气象站及 1 个乡郊参考气象站收集每小时气温。所有站点相互比较以评估热岛强度和城市内变异性，并根据它们与河流的距离进行评估。结果表明，年平均热岛温度为 2.25℃，在夜间、夏季、城市化程度最高的地区和靠近河流的地区热岛效应最强。与河流的距离每增加 1000m，热岛指数就会根据季节的不同下降 0.3~0.6℃。这条河提高了热岛指数，因为它在夜间温度较高，并增加了当地的湿度。

Li 等人采用预报模型和单层城市冠层模型对新加坡的城市环境进行了研究，

在低平流、高对流有效位能、季风季节等条件下，采用集合方法研究了土地利用类型和人为热对热环境和风环境的影响。研究表明，平均热岛强度在清晨达到峰值 2.2℃，在工业区达到 2.4℃。海风和陆风分别在白天和夜间发展，前者比后者强得多。该模型预测来自马来半岛不同海岸线的海风相遇并汇聚，产生强烈的上升气流。研究发现，人为热在所有研究过程中都发挥了作用，而不同土地利用类型的影响在夜间最为明显，在中午附近最不明显。Morakinyo 等人使用 ENVI-met 模型研究了绿化覆盖率（GCR）为 7.2%社区的节能效益。为了提供有效的树种选择信息，在 GCR 为 30%的情况下，Morakingo 等人对 9 种情景进行了试验。在其中的 8 个案例中，每个案例只使用了一种树种，这些树木代表了中国香港最常见的 8 种树木。剩下的一个案例是各种树种的混合。结果显示，与参考情况（无树木）相比，在当前和 30% GCR 情况下，最高温度分别降低了 0.4℃和 0.5~1.0℃；平均生理等效温度降低 1.6℃和 3.3~5.0℃。“非常热”热感觉的面积覆盖范围从参考情况下的 60%减少到当前 GCR 的 50%，在 30% GCR 下减少到 17%~21%。统计分析表明，叶面积指数是影响效益的主要因素，其次是树干高度、树高和冠径。

Hien 等人探讨了两种预测方法，即房地产环境评价筛选工具（STEVE）和 ENVI-met。STEVE 是一种预测工具，能够计算出特定点的温度最小值 T_{min}、温度平均值 T_{avg} 和温度最大值 T_{max}。这个特定点的温度是它周围环境的结果缓冲区。地理信息系统的输出数据将用作地理信息系统（GIS）的数据库温度的地图。ENVI-met 是一个基于计算流体动力学（CFD）的微气候和局部空气质量模型，它计算 24~48h 间隔时间内的温度。ENVI-met 计算是基于网格（x，y）与指定的网格距离。这种分辨率允许分析单个建筑、表面和建筑之间的小规模相互作用植物。模型之间的主要区别是风速变量、栅格图、地表温度和局地温度气候环境。STEVE 计算侧重于排除风速变量的典型无风日条件，而 ENVI-met 将风速变量作为参数之一。Fazia 等人采用预测城市环境小气候变化的三维微气候模式 ENVI-met 3.0 进行数值模拟，在高空间分辨率下，通过生理等效温度（PET）对白天峡谷的热舒适性进行了评估。结果表明，所有设计方面的调查都对空气温度有中等的影响，并对人体获得的热量产生强烈的影响，从而产生热感觉。峡谷对天空的开放程度越大，热应力越高。对于天空视野较小的峡谷，朝向是决定性的。东西向的峡谷压力最大，偏离这个方向可以改善热条件。基本上，通过廊道，悬垂立面或植被进一步遮阳，可以减少太阳照射时间和热不适的面积。然而，这种效率随着峡谷的方向和垂直比例的变化而变化。因此，如果适当地结合，所有研究的设计元素都可以有效地缓解夏季的热应激，提高热舒适。Teshnehdel 等人在伊朗大不里士的一个居民区调查了树木覆盖和树种对微气候和行人舒适度的影响，结果表明，在树木的遮阴作用下夏季日平均气温降至 20.04℃，生理等效温度（PET）由 34.92℃降至 26.16℃。

本章以成都市府河的一段为例进行数值模拟研究，主要研究地处四川盆地的内陆河流对周围微气候的影响，深入探究内陆城市的河流在不同时间段与不同空间对周边微气候的影响机制。本章主要采用 ENVI-met 软件对研究区域的热环境进行数值模拟和研究，主要从空气温度、相对湿度、风速以及热舒适性方面，研究河流对滨河空间热环境的影响。

4.1 滨河区域空气温度的模拟结果

空气温度随时间的变化如图 4-1 所示。从图中可以看到，4 条曲线的变化趋势大致相同。研究区域进口处温度波动较大，这可能是因为受初始化参数输入温度的影响。右岸、水面、左岸温度变化较为平缓，波动较小。4 个点（见图 3-5 中 A、B、C、D 点）的最高温度均出现在 16:00。

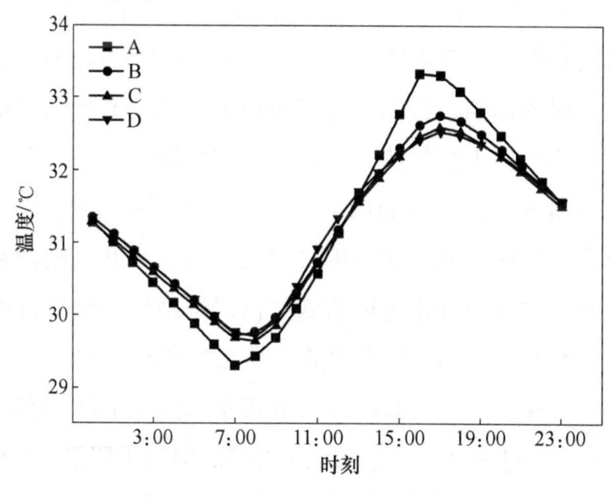

图 4-1 空气温度随时间的变化

根据数值模拟的结果，该研究区域中空气温度最高的时刻出现在 16:00。因此，对 16:00 的滨河区域热环境进行分析。图 4-2 为研究区域 16:00 的空气温度分布图。从图中可以看到，在距河岸 10m 范围内，右岸平均空气温度是 32.72℃，左岸平均空气温度是 32.43℃。距河岸 10~30m 范围内，右岸平均空气温度是 32.63℃，左岸平均空气温度是 32.38℃。距河岸 30~50m 范围内，右岸平均空气温度是 32.59℃，左岸平均空气温度是 32.27℃。右岸的道路上方空气温度比周围空气高 0.11℃，左岸道路上方空气温度比周围空气高 0.21℃。

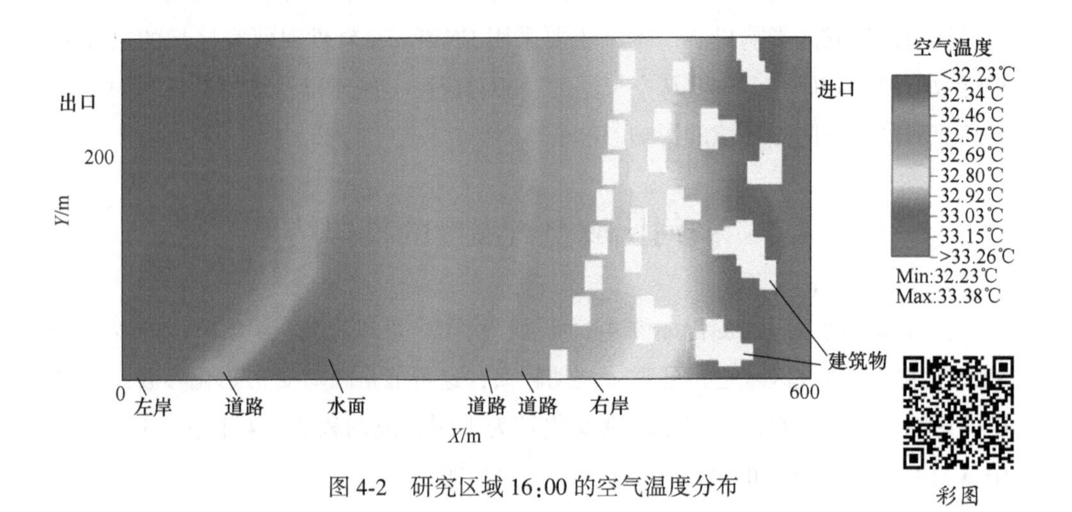

图 4-2　研究区域 16:00 的空气温度分布

从图 4-2 中同样发现，右岸沥青路面上方的空气温度与周围空气温度几乎相同。两岸道路的实景拍摄图片如图 4-3 所示，从图4-3中可以看到，左岸的花岗岩道路两侧没有高大树木遮挡，太阳直射在路面上，花岗岩吸收太阳辐射能后温度升高，对路面上方的空气进行加热，导致空气温度明显升高。右岸的柏油路两侧有树木遮挡，这些树木具有很强的遮阴作用，阳光不能穿透树木直接照射路面，柏油路没有接收到太阳辐射能，路面温度没有升高。因此，柏油路面上空的空气温度不会明显上升。这表明乔木可以有效降低局部地区的空气温度，这很好地支持了前面关于城市绿色植物可以降低城市空气温度的研究结论。

从图 4-2 还可以看到，空气温度从右岸到左岸依次下降。右岸别墅区平均空气温度为 32.64℃，经过树林后，空气温度由 32.64℃下降到 32.58℃。这是由于树木对空气有冷却效果。随后，空气流过花岗岩路面后温度从 32.58℃上升到 32.69℃，这表明花岗岩路面对空气有加热作用。气流跨过河流后，空气温度从 32.69℃下降到 32.22℃，这是由于河水的蒸发冷却作用导致空气温度下降，

(a)

(b)

图 4-3　道路实景

（a）左岸道路；（b）右岸道路

模拟结果与前人的研究结果一致。左岸其他地区的气温变化不大。从空气温度的变化值可以发现，空气经过树林后空气温度下降 0.06℃；空气经过道路后的温差为 0.11℃，经过河流后的温差为 0.47℃。由此可以得到，不同下垫面对空气温度影响大小的顺序为：河流>道路>树木，河流和树木对空气有冷却作用。

4.2　滨河区域空气相对湿度的模拟结果

空气的相对湿度是影响局地微气候的重要因素。过往的研究表明，空气相对湿度的变化与热舒适密切相关。本节中，空气相对湿度随时间的变化如图 4-4 所示。由图中可以看到，4 条曲线的变化趋势相似。进口平均相对空气湿度波动最大，主要受初始化条件输入时相对空气湿度参数的影响，其他 3 条曲线的变化较小。进口相对湿度在 7:00 最高，为 82. 18%；16:00 最低，为 66. 13%。其余 3 个点的相对湿度最低出现在 17:00—18:00 之间。

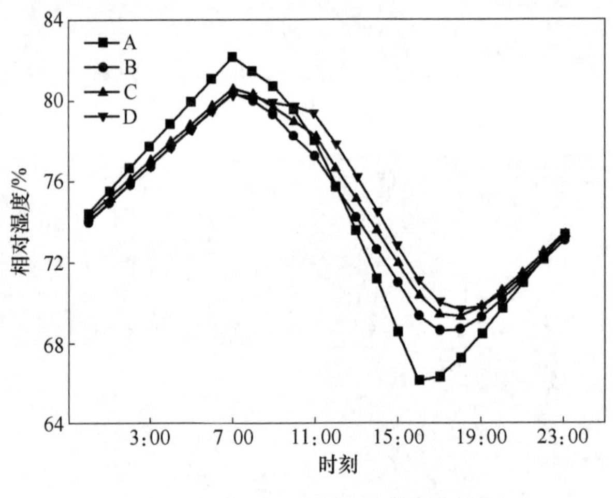

图 4-4　空气相对湿度随时间的变化

16:00 的空气相对湿度分布如图 4-5 所示。由图可见，在距河岸 0~10m 范围内，右岸空气相对湿度为 69. 68%，左岸为 70. 23%。在距河岸 10~30m 范围内，右岸空气相对湿度为 69. 32%，左岸为 70. 16%。在距河岸 30~50m 范围内，右岸空气相对湿度为 68. 54%，左岸为 69. 95%。这表明离河岸越远，空气相对湿度越低。左岸的空气相对湿度要比右岸高。造成这种现象的主要原因是左岸的空气在跨过河流时吸收了河面的水汽。河流中的水汽不断地被风输送至下风向，导致下风向空气相对湿度增加。从图 4-5 中可以看到，空气流过树林后，空气相对湿度增加了 0. 38%；流过道路后，空气相对湿度下降了 0. 10%；流过河流后，空气相对湿度增加 1. 7%。因此，不同下垫面对空气相对湿度影响大小的顺序为：河流>树木>道路。

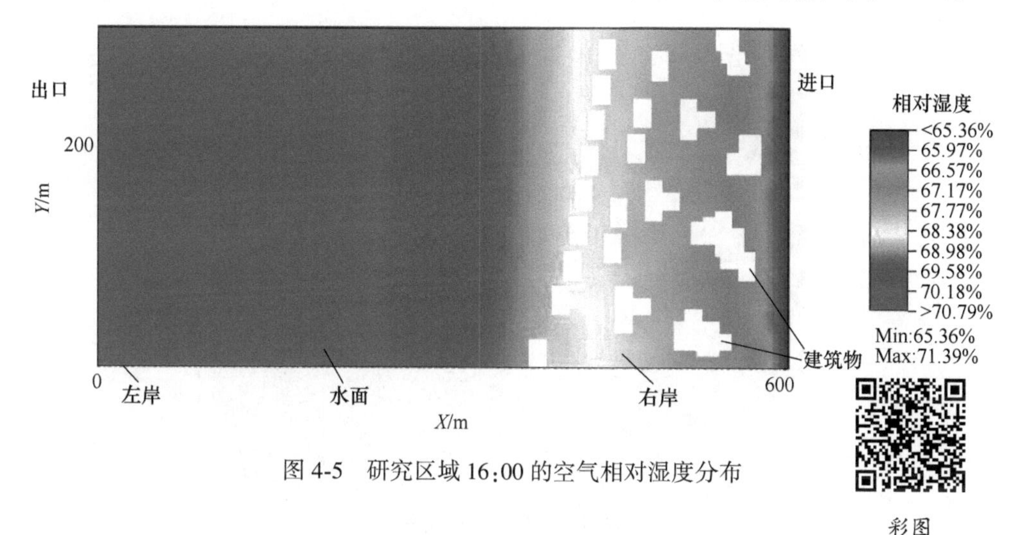

图 4-5 研究区域 16:00 的空气相对湿度分布

4.3 滨河区域风速的模拟结果

河流对滨河区域风速的影响模拟结果如图 4-6 所示。选择东西的 X 轴风速情况进行研究，数值模拟中设定主导风向为东风（风从河流右岸吹向左岸），风速模拟云图的风向通过正负进行描述，“+”表示西风，“-”表示东风，最高风速为 1.62m/s，最低风速为 0.05m/s。从图 4-6 中可以看到，河流右岸区域的建筑物与乔木比较密集，进入研究区域的风被住宅小区的高楼与乔木阻挡，风速较低，右堤岸的步道风速几乎为零。右堤岸的实景如图 4-7 所示，从图中可以看到，右岸河堤呈阶梯形状，风只能从路面上空经过，对地势较低的步道几乎没有作用。

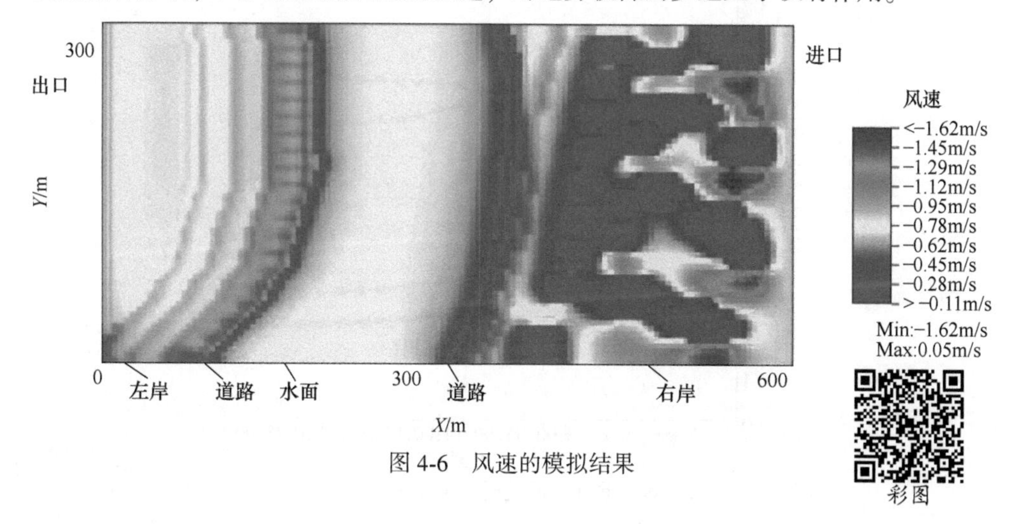

图 4-6 风速的模拟结果

图 4-7　右岸河堤实景

重点区域逐时风速的模拟结果如图 4-8 所示。四个区域空间中，进风口边界区域风速最高，风速为 0. 75～0. 9m/s；最低风速区域为左岸区域，风速为 0. 2～0. 3m/s。河面上风速变化较小，由于河面宽阔，且没有障碍物，所以当风到达河流左岸，靠近河岸处地形变化较大，对风速衰减效果明显。此外，水面风速较高，仅次于进风口边界的风速。风速的增加会加强河水水面的水分蒸发，在河流上方空间，风与水面上的水蒸气产生强烈的热湿交换，也会引起区域内风场的变化。另外，由于模型输入的风速风向均为固定值，因此区域风速场层次分明，但逐时变化较小。相比起来，风速在空间方面的变化较大，这主要是因为受到建筑

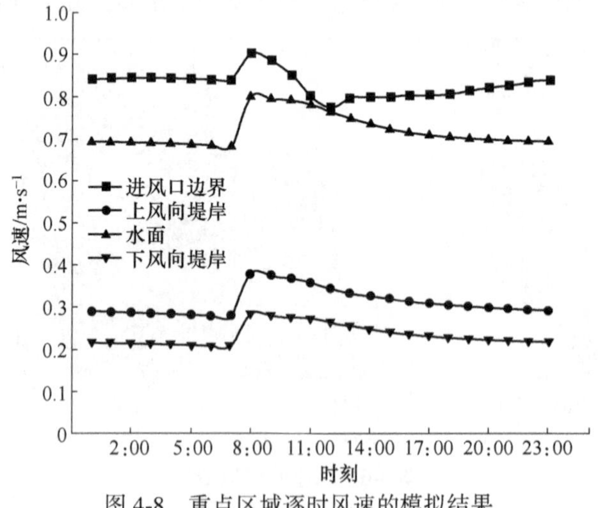

图 4-8　重点区域逐时风速的模拟结果

物、乔木、灌木、地形等的阻挡作用，风速在建筑物附近、乔木区域以及低洼处均会发生变化。

4.4 滨河区域热舒适度的模拟结果

热舒适在美国供热制冷空调工程师协会（ASHRAE）Standard 55—2010 中定义为：人体对热环境表示满意的意识状态。贝氏的热感觉标度把热感觉和热舒适合二为一，其热感觉标度已经体现了热舒适。Gagge 和 Fanger 等人均认为“热舒适”是指人体处于不冷不热的“中性”状态，即认为“中性”的热感觉就是热舒适。

目前，应用比较广泛的热舒适评价是由丹麦的 Fanger 及其同事在试验基础上提出的人体热舒适，即 PMV（Predicted Mean Vote）。国际标准化组织（ISO）根据丹麦工业大学 Fanger 教授的研究成果制定了 *Ergonomics of the thermal enviorment—Analytical determination and interpretation of thermal comfort using calculation of the PMV and PPD indices and local thermal comfort criteria*（ISO 7730：2005）。ISO 7730：2005 以 PMV-PPD 指标来描述和评价热环境。该指标综合考虑了人体活动程度、服装热阻、空气温度、空气湿度、平均辐射温度、空气流动速度六个因素，以满足人体热平衡方程为条件，通过主观感觉试验确定出的绝大多数人的冷暖感觉等级。上述研究成果及相应的标准成了热舒适的依据。

PMV 是基于室内环境的评估，而室外环境与室内环境不同，原有的 PMV-PPD 指标不再适用，之后的学者在 PMV 计算的基础上增加了太阳辐射的影响，将 PMV 的应用从室内扩展到户外。户外人体的热舒适主要影响因素有空气温度、空气湿度、辐射温度、空气流速、运动代谢和服装热阻。人体基础代谢速率与性别、年龄、身高、体重等有关。运动代谢根据活动强度进行调整（活动强度分为极轻运动、轻度运动、中度运动、重度运动）。本研究设置的人体条件为：35 岁男子，身高 175cm，体重 75kg；服装隔数 CLO 取 0.9；轻度散步运动。

研究区域 16：00 户外 PMV 的分布如图 4-9 所示。从图中可以看到，左岸道路的 PMV 值低于右岸道路的 PMV 值。主要原因是，河流通过蒸发冷却有效地调节了热环境。因此，在河流的蒸发冷却作用下，左岸的人们感觉更舒适。同样需要注意的是，右岸道路两侧有两条红色带状区域。右岸的道路实景如图 4-10 所示，由图可见，此处主要由花岗岩道路、草地和石头墙三部分组成。石头和花岗岩的比热容比草地小，在太阳的辐射下，石头墙和花岗岩路面的表面温度比周围区域升高更快。由此可见，PMV 的增加主要是由花岗岩路面和石头墙温度较高引起的。

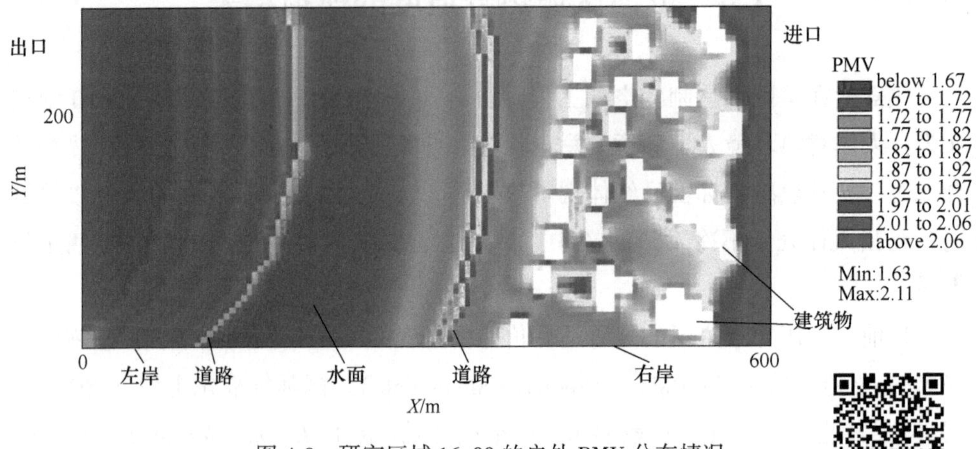

图 4-9　研究区域 16:00 的户外 PMV 分布情况

彩图

图 4-10　右岸实际道路情况

居住区也存在一些低 PMV 区（PMV<1. 72）。居住区实景如图 4-11 所示。从图中可以看到，房子附近有树木和绿色植物，树木可以遮挡阳光，提高热舒适性。研究结果表明，夏季遮阴处的热舒适性最佳。因此，可以在沿河岸和房屋周围布置树木和绿色植物，有效地提高热舒适性。根据上述分析，河流、树木和绿色植物在缓解城市热岛和调节局部微气候方面发挥着重要作用。

图 4-11　居住区实景

参 考 文 献

[1] Han G, Chen H, Yuan L, et al. Field measurements on micro-climate and cooling effect of river wind on urban blocks in Wuhan city [C]. International Conference on Multimedia Technology, 2011.

[2] 齐静静．松花江及其周边区域热气候的现场实测研究 [D]. 哈尔滨：哈尔滨工业大学，2010.

[3] 傅抱璞．气流通过水域时的变性 [J]. 气象学报，1997，55（4）：57-69.

[4] 傅抱璞．我国不同自然条件下的水域气候效应 [J]. 地理学报，1997，52（3）：56-63.

[5] 傅抱璞．水上风速的变化 [J]. 南京大学学报（自然科学版），1987，23（1）：139-154.

[6] Yang X, Peng L, Jiang Z, et al. Impact of urban heat island on energy demand in buildings: Local climate zones in Nanjing [J]. Applied Energy, 2020, 260: 114279.

[7] Anjos M, Targino A C, Krecl P, et al. Analysis of the urban heat island under different synoptic patterns using local climate zones [J]. Building and Environment, 2020, 185: 107268.

[8] Zheng H, Chen Y, Pan W, et al. Impact of land use/Land cover changes on the thermal environment in urbanization: A case study of the natural wetlands distribution area in Minjiang River estuary, China. Pol [J]. Polish Journal of Environmental Studies, 2019, 28: 3025-3041.

[9] Moyer A N, Hawkins T W. River effects on the heat island of a small urban area [J]. Urban Climate, 2017, 21: 262-277.

[10] Li X, Koh T Y, Entekhabi D, et al. A multi-resolution ensemble study of a tropical urban environment and its interactions with the background regional atmosphere [J]. Journal of Geophysical Research-atmospheres, 2013, 118: 1-15.

[11] Morakinyo T E, Lau K K -L, Ren C, et al. Performance of Hong Kong's common trees species for outdoor temperature regulation, thermal comfort and energy saving [J]. Building and Environment, 2018, 137: 157-170.

[12] Hien W N, Ignatius M, Eliza A, et al. Comparison of STEVE and ENVI-met as temperature prediction models for Singapore context [J]. International Journal of Sustainable Building Technology and Urban Development, 2012, 3 (3): 197-209.

[13] Ali-Toudert Fazia, Mayer Helmut. Effects of asymmetry, galleries, overhanging façades and vegetation on thermal comfort in urban street canyons [J]. Solar Energy, 2006, 81 (6): 742-754.

[14] Teshnehdel S, Akbari H, Giuseppe, et al. Effect of tree cover and tree species on microclimate and pedestrian comfort in a residential district in Iran [J]. Building and Environment, 2020, 178: 106899.

[15] Hathway E A, Sharples S. The interaction of rivers and urban form in mitigating the Urban Heat Island effect: A UK case study [J]. Building and Environment, 2012, 58: 14-22.

[16] Iakovoglou V, Gounaridis D, Zaimes G N. Riparian areas in urban settings: two case studies from Greece [J]. International Journal of Innovation and Sustainable Development, 2013, 7 (3): 271-288.

[17] Norton B A, Coutts A M, Livesley S J, et al. Planning for cooler cities: A framework to prioritise green infrastructure to mitigate high temperatures in urban landscapes [J]. Landscape and Urban Planning, 2015, 134: 127-138.

[18] Konarska J, Uddling J, Holmer B, et al. Transpiration of urban trees and its cooling effect in a high latitude city [J]. International Journal of Biometeorology, 2016, 60: 159-172.

[19] Tominaga Y, Sato Y, Sadohara S. CFD simulations of the effect of evaporative cooling from water bodies in a micro-scale urban environment: Validation and application studies [J]. Sustainable Cities and Society, 2015, 19: 259-270.

[20] Xu X, Liu S, Sun S, et al. Evaluation of energy saving potential of an urban green space and its water bodies [J]. Energy&Buildings, 2019, 188-189: 58-70.

[21] Yang X, Peng L, Chen Y, et al. Air humidity characteristics of local climate zones: A three-

year observational study in Nanjing [J]. Building and Environment, 2020, 171: 106661.

[22] Steeneveld G J, Koopmans S, Heusinkveld, et al. Refreshing the role of open water surfaces on mitigating the maximum urban heat island effect [J]. Landscape & Urban Planning, 2014, 121: 92-96.

[23] 钱炜，唐鸣放．城市户外环境热舒适度评价模型 [J]．西安建筑科技大学学报（自然科学版），2001，33（3）：229-232.

[24] Zhang P, Zhang X, Ma Z, et al. Numerical study on the affection of river system of different areas to thermal environment of residential neighborhood [J]. Advanced Materials Research, 2012, 433-440: 1422-1427.

[25] Wang J, Meng Q, Tan K, et al. Experimental investigation on the influence of evaporative cooling of permeable pavements on outdoor thermal environment [J]. Building and Environment, 2018, 140: 184-193.

[26] Hwang R L, Lin T P, Matzarakis A. Seasonal effects of urban street shading on long-term outdoor thermal comfort [J]. Building and Environment, 2011, 46: 863-870.

5 基于数值模拟的滨河空间优化

Park 等人对 8 个具有不同植被条件的城市街道单元进行研究，考察了夏季人行道和中间地带植被对热环境的定量影响。结果表明：四棵行道树的存在将树冠内的风速降低了 51%。人行道两旁的树木也降低了地表的温度，这种降低主要是由于它们投下的阴影造成的辐射通量减少。此外，即使在一个地区被遮蔽时，植被的热缓解也会持续存在。相比之下，植被中间带的缓解效果不显著。朝向西南墙的人行道表现出最显著的热缓解。城市的绿地被证明可以显著降低环境空气温度，缓解城市化造成的热岛。然而，城市绿地提供的降温环境效益很少被衡量。Zhang 等人运用经验模型对北京市城市绿地的节能减排贡献进行了估算，计算表明，城市绿地在减少能源需求和增加二氧化碳封存方面发挥着重要作用。城市化后的北京有 16577hm^2 的绿地，整个夏季可以通过蒸发吸收 3.33×10^{12}kJ 的热量。减少了 3.09×10^8 kW · h 的空调用电需求，相当于减少了 60%的能源使用量。通过节电，电厂每年可减少 24.3 万吨二氧化碳排放，平均每公顷日减少 61kg。此外，北京城市绿地的降温效果和环境效益在很大程度上取决于绿地的结构和规模。城市管理者和景观规划者应该利用这一研究来规划、设计和管理热岛地区的绿色空间。武汉市是一个高水覆盖率的城市，与以往的案例城市存在显著差异。Xie 等人以武汉市为研究对象，基于遥感数据，研究了公园冷岛强度（PCI，Park Cool Island）及其与公园特征的相关性。结果表明，40 个城市公园中有 36 个公园存在 PCI 效应，PCI 强度为 0.08~7.29℃；公园越大，宽度越大，PCI 强度就越强。公园内硬化元素的增加可显著减弱 PCI 效应。值得注意的是，公园水体对城市公园 PCI 效应的贡献最大，而植被面积对 PCI 强度的影响为负。这表明在高水覆盖条件下，由于不同变量对 PCI 强度的交互作用，植被的降温作用被水体削弱甚至掩盖。

水体被认为是缓解大城市热岛效应的有效因子。Cai 等人以我国西部最大城市重庆为研究对象，利用夏季白天地球资源卫星数据，基于离水体的距离分析了水体降温效应对城市地表温度的潜在影响。结果表明，水体的降温效应可达 1km

（水平距离），对城市形态因素与地表温度的关系影响较大，尤其是在距离小于500m的区域。在250m×250m的网格尺度上进行采样，4个城市形态因子（即天景因子、建筑密度、平均建筑高度和容积率）与地表温度的相关性随着离水体距离的增加而逐渐增加。根据多元线性回归模型，在距离小于500m处，距离是一个重要的自变量。Deng等人研究了武昌火车站和长江对当地热环境的影响。他们在2017年7月21—25日在武汉进行了现场测量。长江的降温效应在夜间极大地调节了周围的城市环境，特别是靠近河流边界的地区。下午，离火车站越远的地区气温越高，这意味着火车站表现出了降温效果。夜间气温随与火车站的距离增加呈下降趋势，说明火车站存在热岛效应。此外，夜间气温与人造面积（相对于自然面积）的百分比之间存在显著关系，夜间气温随人造面积百分比的增加而升高。武汉市夏季城市的热环境可考虑通过长江和武昌火车站的降温作用来缓解。

Piccolroaz等人分析了19条瑞士河流的温度和流量，并表征了气温和流量的同步变化如何同时影响其热动力学。他们着重于量化1950年以来中欧发生的3次最重大热浪事件（2003年7—8月、2006年7月和2015年7月）的热响应。研究发现，所分析河流的热响应与河流水文状况形成强烈对比，证实了在典型天气条件下观察到的行为。低地河流对热浪极为敏感。与此形成鲜明对比的是，高海拔雪原河流和从高海拔水电站水库或引水中接受冷水的调节河流表现出阻尼的热响应。研究结果表明，水资源管理者应意识到热浪事件对河流水温的多重影响，并将预期的热响应纳入适应性管理政策。在这方面，我们需要更多的努力和专门的研究来加深对极端热浪事件如何影响河流生态系统的认识。李彬等人选取北京街旁游园砖、石、木、塑胶、花岗岩和裸露草地六种下垫面进行实测研究。结果表明，绿色下垫面由于比热容高、保蓄水能力强，最有利于调节夏季城市街旁游园小气候的舒适性。在灰垫面中，砖、石铺装由于有较好的保蓄水能力及低贮热量的特性，有利于缓解下垫面地表温度对热岛效应的影响。此外，可以多增加木铺装，在考虑观赏度的同时，尽量采用亮度低、颜色浅的下垫面，以提升人体的热舒适。湿地形成“城市冷岛”（UCIs，Urban Cooling Islands），其冷却效果对缓解城市热岛效应非常重要。Sun等人使用ASTER图像对位于北京的10个水库/湖泊和5条河流进行了研究。UCI强度由湿地和周围景观之间的温差与梯度来确定。结果表明：UCI强度与湿地景观形状指数（LSI，Landscape Shape Index）相关，并由湿地相对于市中心的位置来决定，位置与温差的相关系数为0.691，位置与温度梯度的相关系数为0.706。可见湿地的形状和位置是影响湿地生态多样性的重要指标，也是量化微气候调控的重要考虑因素，和城市景观设计减轻城市热岛影响是一样的。

因为建筑布局和河流改造对于空气温度、相对湿度和风场均具有明显的影响，所以优化改造的研究多集中于改造建筑布局和水体分布。但这些改造措施仅对规划阶段的新建建筑有用，对老旧建筑不适用。这是因为很多临河的建筑物已经建成，对其布局进行改造比较困难，也不切实际。步道的下垫面和绿色植被可引起局部热环境的变化，不同的材料具有不同的辐射吸收率和比热容。因此，改造下垫面是一种可行的改造方案。植物的遮阴和蒸腾作用对于局部区域的热环境也有一定的改善作用，本章主要从树木、植物种植间距和覆盖度等方面对区域热环境的影响因素进行研究。文中如无特殊说明，空气温度和相对湿度的数据均为距地面1.5m高处。研究水体对城市滨水空间的影响，能够充分发挥水体的最大生态效益和经济效益，改变局地的微气候，为气候适应型城市的规划与设计提供理论参考与支撑。

本章主要采用ENVI-met软件对改造方案进行数值模拟，研究不同改造方案对区域微气候环境的影响，通过比较分析得到最佳优化方案。同时，利用ENVI-met软件对地表覆盖类型和植被分布的影响进行模拟，根据数值模拟的结果，分析不同参数对微气候的影响，为城市滨河空间的改造提供一定的理论支持。

5.1 步道材料对热环境的影响

步道的热舒适水平能对该区域的活动人群产生重要影响，根据成都市河流堤岸步道的大量实地调查，成都地区的河岸带步行道材料主要有干土壤、淡色混凝土、灰色混凝土、深色混凝土、碎砖、花岗岩六种材料。这些材料的具体物性参数见表5-1。对研究区域河岸带的步行道换成六种材料分别进行数值模拟计算。

表5-1 步道材料的物性参数

材料	比热容/$J \cdot (kg \cdot K)^{-1}$	辐射吸收率
淡色混凝土	970	0.2
灰色混凝土	970	0.5
深色混凝土	970	0.8

续表 5-1

材料	比热容/J·(kg·K)$^{-1}$	辐射吸收率
干土壤	840	0.7
碎砖	710	0.2
花岗岩	890	0.2

5.1.1 步道材料对温度的影响

右岸不同材料步道上方空气温度的逐时变化如图 5-1 所示。从图中可以看到，在 6:00—12:00 的时段内，不同材料温度变化趋势相同，温差在0.143~0.278℃之间波动，温差变化较小。17:00，所有步道材料上方空气的温度达到最高值。其中，干土壤步道的温度最高，为 32.950℃；淡色混凝土材料步道的温度最低，为 32.358℃，此时的温差为 0.592℃。17:00，步道上方空气温度从高到低的顺序为：干土壤（32.950℃）>深色混凝土（32.423℃）>灰色混凝土（32.395℃）>碎砖（32.356℃）>花岗岩（32.312℃）>淡色混凝土（32.258℃）。

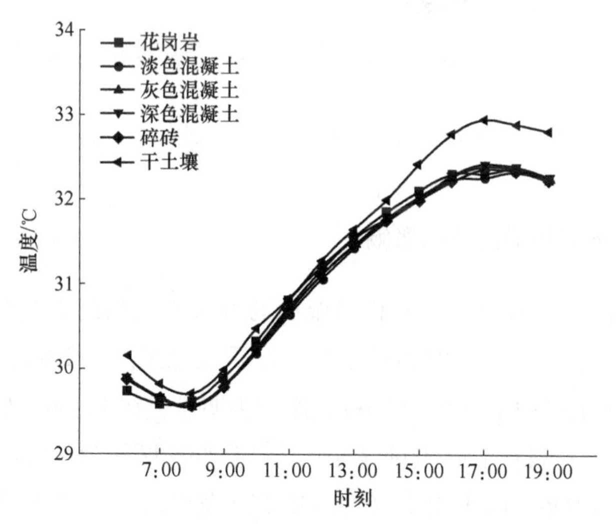

图 5-1 右岸不同材料步道上方空气温度的逐时变化

左岸不同材料步道上方空气温度的逐时变化如图 5-2 所示。最大温度差出现在 17:00，干土壤材料步道的温度是 33.635℃，淡色混凝土材料步道的温度是 32.389℃，温差是 1.216℃。17:00 左岸温度从高到低的顺序为：干土壤（33.635℃）>深色混凝土（33.063℃）>灰色混凝土（32.502℃）>花岗岩

(32.473℃)>碎砖（32.419℃)>淡色混凝土（32.389℃)。与图 5-1 对比发现左岸温度差比右岸大，这是因为右岸的植被高大且茂密，能够有效阻挡太阳光的直射，左岸区域多为草坪等空旷区域，对太阳辐射无遮挡作用，步道升温速度快。高导热性和浅色表面材料有助于降低下垫面表面温度，进而减小对城市热环境影响，对城市热岛现象具有一定的缓解作用。

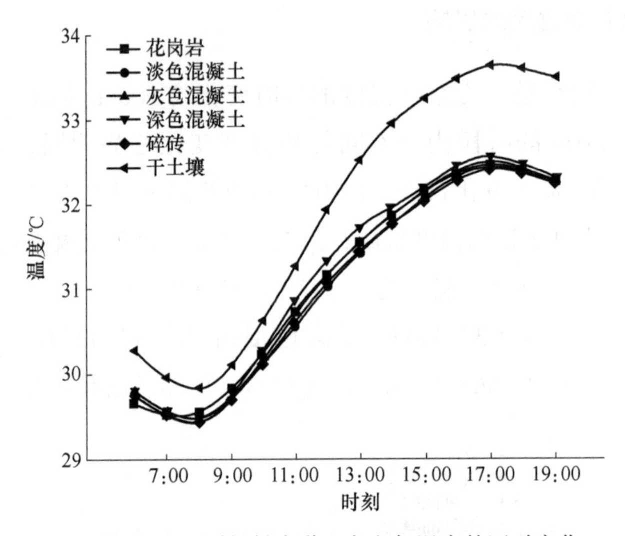

图 5-2 左岸不同材料步道上方空气温度的逐时变化

5.1.2 步道材料对相对湿度的影响

右岸不同材料步道上方空气相对湿度的逐时变化如图 5-3 所示。从图中可见，不同材料步道上方空气的相对湿度，在早晚时刻，太阳辐射强度较低时较低，在辐射强度最高的 12:00—14:00 差距较为明显，在 12:00，最大相对湿度差为 2.142%。不同材料步道的相对湿度，从高到低的顺序为：碎砖（78.751%)>淡色混凝土（78.096%)>干土壤（77.775%)>花岗岩（77.758%)>灰色混凝土（77.528%)>深色混凝土（76.609%)。从这些数据可以看到，不同材料的步道上方空气相对湿度变化较小。

左岸不同材料步道上方空气相对湿度的逐时变化如图 5-4 所示。从图中可以看到，左岸步道不同材料的相对湿度变化呈现出先增加后减小的趋势，相对湿度最高的时间是 8:00。在太阳辐射强度较高的 12:00—16:00，不同步道材料上方

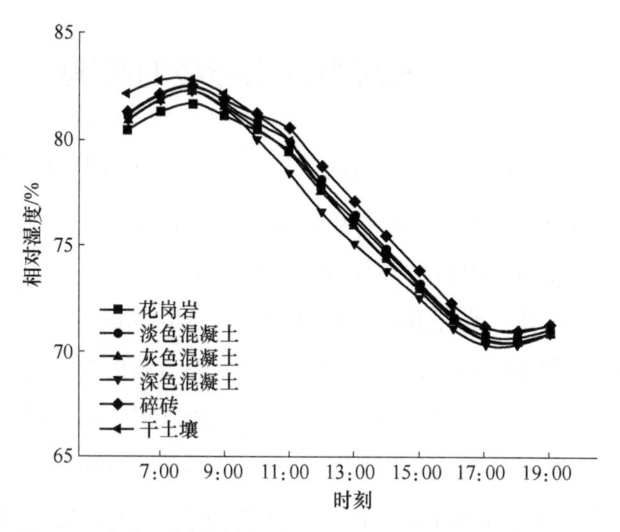

图 5-3 右岸不同材料步道上方空气相对湿度的逐时变化

的空气相对湿度差距较为明显，6:00—11:00 和 18:00—19:00 的时间段，不同材料步道的相对湿度较为接近。在 14:00，相对湿度最高的是碎砖步道的 75.678%，最低的是干土壤步道的 73.742%，相对湿度差是 1.936%。14:00，不同材料步道的相对湿度从高到低顺序为：碎砖（75.678%）>淡色混凝土（75.363%）>灰色混凝土（75.153%）>花岗岩（75.126%）>深色混凝土（74.938%）>干土壤（73.742%）。

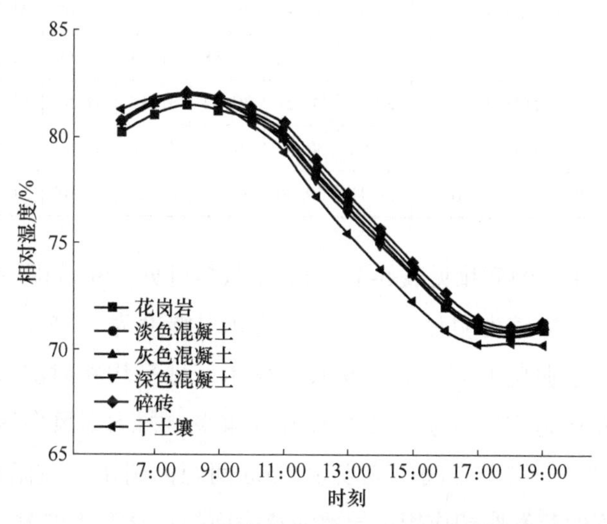

图 5-4 左岸不同材料步道上方空气相对湿度的逐时变化

5.2 树木间距对热环境的影响

树木对热环境的影响主要是下风向区域。树木种类为木樨，高度15m，冠幅8m，第一枝丫高4.5m。本节主要从树木间距和树木密度两个方面对热环境的影响进行研究。树木之间的距离分别设置为5m、10m、15m。首先，从树木间距对热环境的影响进行研究，研究范围为河流和距离河岸20m范围内，时间是9:00—16:00。空气温度随距离的变化见表5-2。根据表中的数据可以看到，树木间距变化对水面区域的空气温度影响较小，三种间距改造方案水面区域的平均温度差小于0.01℃。树木区域的空气温度对间距变化最为敏感，10m间距时，树木区域平均空气温度是31.33℃；15m间距时，树木区域平均空气温度是31.29℃。

表5-2 空气温度随距离的变化

间距/m	区域类型	不同时刻的温度/℃							
		9:00	10:00	11:00	12:00	13:00	14:00	15:00	16:00
5	水面区域	29.84	30.24	30.72	31.13	31.56	31.89	32.17	32.43
	树木区域	29.85	30.31	30.81	31.24	31.63	31.91	32.19	32.42
	树木下风向区域	29.98	30.43	30.85	31.31	31.7	32.01	32.26	32.48
10	水面区域	29.83	30.24	30.71	31.17	31.58	31.9	32.18	32.44
	树木区域	29.92	30.35	30.83	31.27	31.67	31.95	32.21	32.45
	树木下风向区域	29.93	30.38	30.88	31.31	31.69	31.96	32.21	32.43
15	水面区域	29.8	30.21	30.72	31.14	31.55	31.97	32.22	32.44
	树木区域	29.88	30.31	30.8	31.24	31.63	31.91	32.17	32.41
	树木下风向区域	29.91	30.36	30.86	31.29	31.68	31.94	32.19	32.41

相对湿度随距离的变化见表5-3。由表中数据可见，5m间距的水面区域和树木区域相对湿度增加较为明显。水面的平均相对湿度为77.5%，比10m与15m间距改造方案，分别高1.73%和1.95%。树木区域平均相对湿度为77.5%，比10m与15m间距改造方案分别高2.05%和3.40%。树木下风向区域的平均相对湿度最低为75.9%。结合空间研究发现，5m间距的树木严重阻碍了空气流动，大大降低了河流的蒸发冷却作用，导致河流表面的水分无法扩散，引起水面区域和部分树木区域相对湿度增加，树木下风向相对湿度降低。

表 5-3　相对湿度随距离的变化

间距/m	区域类型	不同时刻的相对湿度/%							
		9:00	10:00	11:00	12:00	13:00	14:00	15:00	16:00
5	水面区域	81.92	81.21	80.74	78.87	77.31	75.71	74.21	72.32
	树木区域	80.98	80.44	80.07	78.47	77.17	75.41	74.55	73.01
	树木下风向区域	78.12	77.84	77.61	76.66	75.71	74.76	73.81	72.86
10	水面区域	79.80	79.12	78.54	76.97	75.41	73.81	72.18	70.59
	树木区域	79.86	79.22	78.85	77.45	75.95	74.33	72.66	70.96
	树木下风向区域	79.87	79.49	79.14	77.68	76.11	74.44	72.72	71.04
15	水面区域	80.26	79.58	79.00	76.92	75.36	73.76	72.26	70.37
	树木区域	79.44	78.80	78.49	76.09	74.59	72.97	71.30	69.60
	树木下风向区域	80.32	79.94	79.57	78.11	76.54	75.09	73.37	71.69

风速随树木间距的变化见表 5-4。由表中数据可见，三种树木间距布局对于水面区域风速影响不大，在树木区域和树木下风向区域风速变化较为明显。5m 树木间距时，水面平均风速为 0.808m/s，比 10m 间距改造的水面平均风速高 0.045m/s，比 15m 间距改造的水面平均风速低 0.073m/s。风速随树木间距变化最为明显，5m 间距的树木风速平均为 0.189m/s，比 10m 与 15m 的分布间距改造方案分别低 0.455m/s 和 0.61m/s。树木下风向 5m 间距的平均风速最低，为 0.377m/s，比 10m 与 15m 间距分布改造方案分别低 0.356m/s 和 0.451m/s。这是因为树木的密集分布，严重阻碍河流上方空气的流动，无法在开阔的河面形成风速较高的区域。树木分布区域的风速变化最为明显，树木下风向区域也受到一定程度的影响。

表 5-4　风速随树木间距的变化

间距/m	区域类型	不同时刻的风速/m·s^{-1}							
		9:00	10:00	11:00	12:00	13:00	14:00	15:00	16:00
5	水面区域	0.821	0.836	0.838	0.821	0.805	0.792	0.780	0.772
	树木区域	0.268	0.239	0.168	0.147	0.125	0.204	0.186	0.172
	树木下风向区域	0.436	0.396	0.444	0.424	0.353	0.334	0.319	0.310

续表 5-4

间距/m	区域类型	不同时刻的风速/m·s^{-1}							
		9:00	10:00	11:00	12:00	13:00	14:00	15:00	16:00
10	水面区域	0.801	0.796	0.771	0.755	0.742	0.742	0.730	0.722
	树木区域	0.698	0.689	0.678	0.657	0.635	0.614	0.596	0.582
	树木下风向区域	0.786	0.776	0.764	0.744	0.723	0.704	0.689	0.680
15	水面区域	0.881	0.906	0.898	0.901	0.885	0.872	0.860	0.852
	树木区域	0.838	0.829	0.848	0.827	0.805	0.764	0.746	0.732
	树木下风向区域	0.868	0.869	0.888	0.867	0.835	0.794	0.776	0.762

5.3 树木覆盖度对热环境的影响

在河流下风向岸边带增加25%树木覆盖度，研究其对热环境的影响。16:00时不同树木覆盖度对空气温度的影响如图5-5所示，根据图中的温度分布可以发现，不同树木覆盖度对河流水面区域影响不大，两者平均差值小于0.1℃。0%树木覆盖度时，下风向岸边带平均空气温度是32.37℃，25%树木覆盖度的情况下，河流表面平均空气温度是32.63℃，二者仅差0.26℃。这表明树木覆盖度对下风向岸边带的空气温度影响很小。

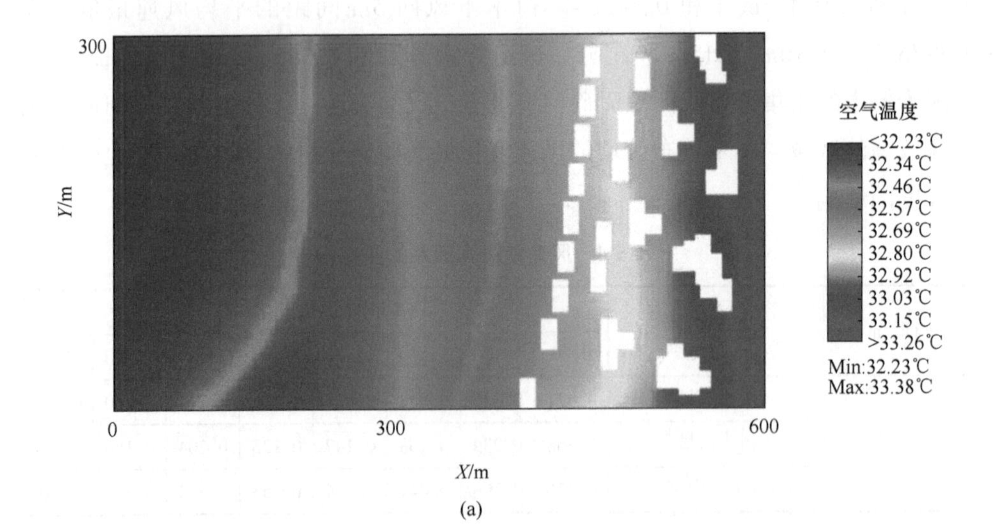

(a)

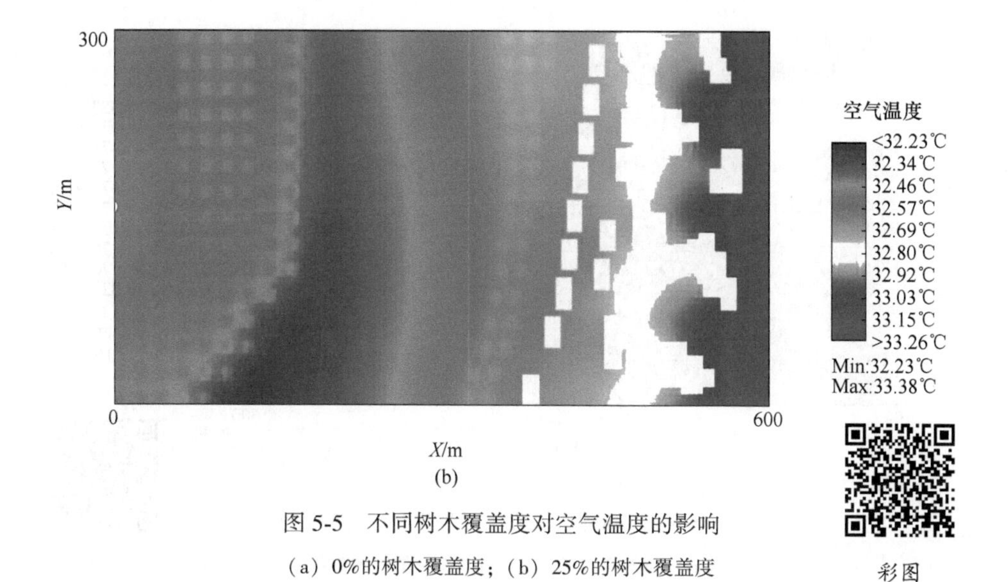

图 5-5 不同树木覆盖度对空气温度的影响

（a）0%的树木覆盖度；（b）25%的树木覆盖度

不同的树木覆盖度对相对湿度的影响如图 5-6 所示。对比两张图可以发现，树木覆盖度从 0%增加到 25%时，河流水面区域的相对湿度增加明显，相对湿度从 71. 39%增加到 77. 16%，增加 5. 32%，下风向树林区域相对湿度也出现明显增加，平均增加 3. 85%。

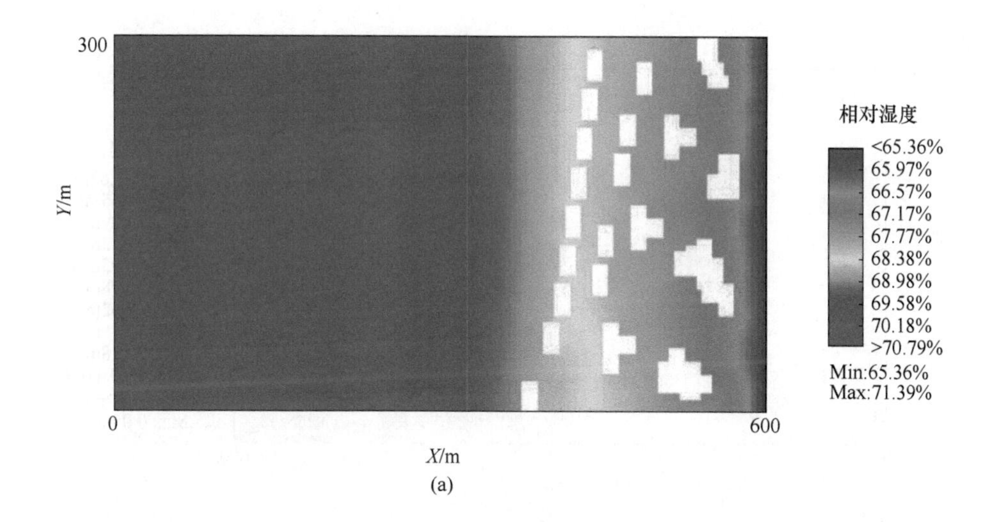

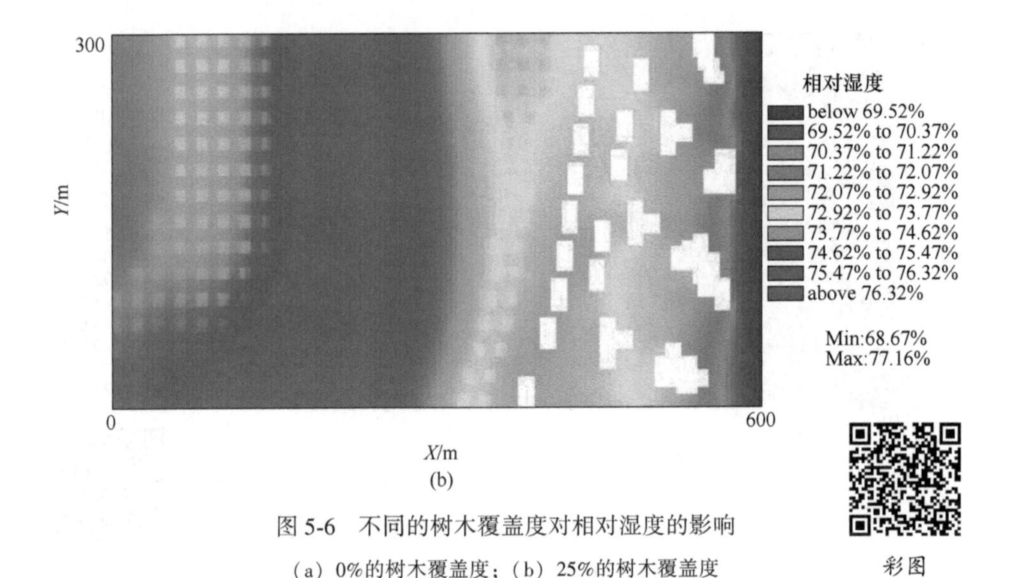

(b)

图 5-6 不同的树木覆盖度对相对湿度的影响

（a）0%的树木覆盖度；（b）25%的树木覆盖度

不同树木覆盖度对风速的影响如图 5-7 所示。由图中可看到，树木覆盖度从 0%增加到 25%时，河流下风向岸边带的风速出现衰减，从 0.82m/s 衰减到 0.26m/s，距离河岸越远衰减程度越大，这是因为增加的树木对风速有阻碍作用。河流水面区域风速出现一定程度增加，水面区域的平均风速增加了 0.48m/s。

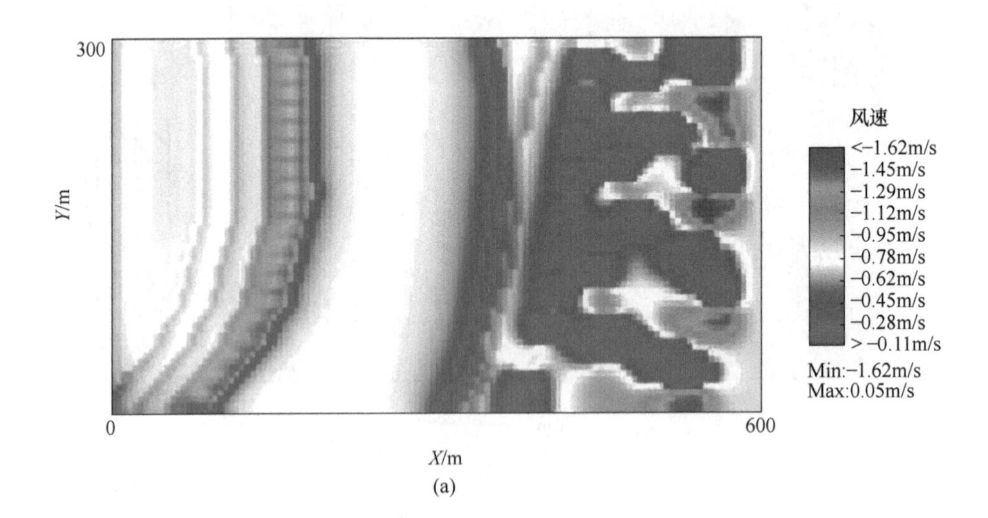

(a)

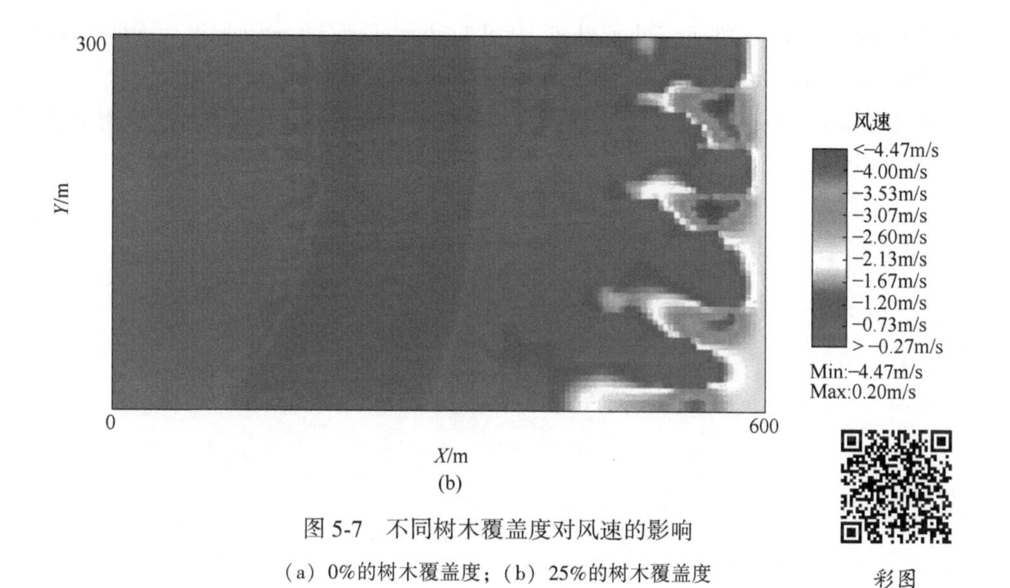

图 5-7 不同树木覆盖度对风速的影响

（a）0%的树木覆盖度；（b）25%的树木覆盖度

参 考 文 献

[1] Park M, Hagishima A, Tanimoto J, et al. Effect of urban vegetation on outdoor thermal environment: Field measurement at a scale model site [J]. Building and Environment, 2012, 56: 38-46.

[2] Zhang B, Xie G, Gao J, et al. The cooling effect of urban green spaces as a contribution to energy-saving and emission-reduction: A case study in Beijing, China [J]. Building and Environment, 2014, 76: 37-43.

[3] Xie Q, Li J. Detecting the cool island effect of urban parks in Wuhan: A city on rivers [J]. International Journal of Environmental Research and Public Health, 2021, 18: 132.

[4] Cai Z, Han G, Chen M. Do water bodies play an important role in the relationship between urban form and land surface temperature? [J]. Sustainable Cities and Society, 2018, 39: 487-498.

[5] Deng Q, Zhou Z, Li C, et al. Influence of a railway station and the Yangtze River on the local urban thermal environment of a subtropical city [J]. Journal of Asian Architecture and Building Engineering, 2022, 21 (2): 589-604.

[6] Piccolroaz S, Toffolon M, Robinson C T, et al. Exploring and quantifying river thermal response to heatwaves [J]. Water, 2018, 10: 1098.

[7] 李彬，彭历．小气候适应性与街旁游园下垫面关系研究［J］．山西建筑，2016，42

(30): 200-201.

[8] Ranhao Sun, Ailian Chen, Liding Chen, et al. Cooling effects of wetlands in an urban region: The case of Beijing [J]. Ecological Indicators, 2012, 20: 57-64.

[9] 张扬. 微观尺度下城市地表空间气地水热交换过程研究 [D]. 昆明: 云南师范大学, 2022.

6 湖泊对滨湖地区不同类型下垫面影响的实验

城市气温与城市下垫面结构的关系，是城市气候研究的关键性课题之一。张景哲等人利用 1982 年在北京市区 30 个观测点上所测得的春、夏、秋、冬四季昼夜八个时相的气温记录和 1983 年 5 月航测的北京市区下垫面资料，用多元回归和逐步回归的方法，对北京城市气温与下垫面结构的关系做了分析。分析结果表明城市气温和城市下垫面结构中绿地、建筑物、水域三要素的相关程度，随着季节和昼夜的变化而变化。绿地的降温作用以夏季白天为最明显，建筑群的增温作用以冬季夜间为最明显。所有测点周围 500m 范围内都没有面积较大的水体，各时相气温与水域的相关程度都很小，这表明城市内的小面积水体对其周围的气温并没有明显的调剂作用。Cao 等人的研究结果显示，城市公园可以有效缓解夏季城市的热岛效应。Du 等人认为水体冷岛可以有效缓解城市热岛，其研究结果显示，水体的平均影响范围是 0.74km，温度可以降低 3.32℃，温度梯度是 5.15℃/km，湖泊的冷岛效应比河流更强。水体对局部微气候的影响，很大程度上取决于当地主导风向、风速以及水体的自身面积，气流在从下风口方向上流过时，由于携带了大量的湿冷空气，因此在下风口处能够产生相比其他风口更长时间的降温作用。Xu 等人采用实验的方法，研究了水体对人体热舒适性的影响，结果表明水体能够明显提升滨水区域人体的热舒适度，在离水岸 10~20m 的距离范围内热舒适度改善最为显著。

张伟等人以浙江杭州的西湖及滨湖地区作为研究对象，通过对西湖和滨湖地区各个季节不同气象要素的研究，发现西湖具有冷岛效应、湿岛效应和风岛效应，其对周围的调节效应具有明显的季节和昼夜差异。Mahmoud 研究了埃及开罗一座公园的热舒适性，详细分析了公园内的湖水、瀑布等不同景观水体对附近热环境以及人体舒适度的影响。研究发现，天空角系数和风速是导致生理等效温度不同的主要原因。处于阳光之下的吸热效果将抵消喷泉的降温效果，水体冷却和绿化遮阳相结合可以获得良好的室外热环境。Saaroni 等人对以色列特拉维夫市贝

京公园一个 $4hm^2$ 池塘周围的空气和地表温度、相对湿度、太阳辐射和风进行了实地研究，发现在干燥和湿热的天气条件下，在白天 40m 范围内，即使是很小的水体也可以对人体热舒适产生缓解作用。刘永华等人研究了湿地周围环境温度的日变化规律，结果显示一天内各点温湿度变化规律主要受太阳辐射、风速以及湿地距离的影响。

于震等人通过实验研究了水泥地面、裸土以及草坪三种下垫面的表面温度在一天中随时间的变化。研究结果发现，在相同气象条件下，不同下垫面表面温度有很大差异，下垫面的绿化能够有效改善局部微气候。荆灿研究了城市下垫面中建筑、绿地、水体、铺装等不同物理性质的表面对微气候产生的影响，为合理布置城市空间提供了科学依据。商茹等人研究了北京地区的不同下垫面对微气候的影响，结果表明下垫面类型与空气温度、相对湿度存在极显著性相关关系，不同下垫面昼均降温增湿效应排序为：乔灌草>乔草>灌草>草地>裸地>水泥地面。吴翠花使用 ENVI-met 软件，研究了不同下垫面尺度上局部微环境的温度、风速和湿度，结果显示不同的地域和不同材质的下垫面对微气候有不同的影响。钟秀娟对新疆于田县的沙漠、戈壁、交错带、棉花地、玉米地五种下垫面进行研究，结果显示，从沙漠到玉米地，于田县不同下垫面的小气候特征参数呈现出梯度式递增或递减的趋势，气温、风速、地温及蒸发力逐渐减小，相对湿度逐渐增加。

6.1 滨湖空间气象参数的测量

先前的研究显示不同景观类型下垫面的形成机理，是造成局部微气候产生差异的根本原因，其中，草地对于营造微气候环境和提高人群活动空间的舒适性效果最为显著。本节的研究对象是天籁湖及其周边的不同类型下垫面，该湖泊位于四川省成都市郫都区（北纬 103°56′，东经 30°47′）。天籁湖整体呈不规则形状，其实景照片如图 6-1 所示。天籁湖的北岸为草坪、灌木以及乔木，乔木的主要种类是水杉和榕树。东岸多是乔木和灌木。西岸为硬质下垫面和乔木，乔木主要是柳树。南岸是乔木和杂草。

天籁湖气象数据的记录时间为 2022 年 7 月 15—31 日，最终对所有的气象参数取其平均值。本章中所有的空气温度和相对湿度数据均为距地面 1. 5m 高。此处主要选取三种典型下垫面进行研究，分别为硬质花岗岩路面、草坪和树木。不同下垫面的位置如图 6-2 所示。滨湖区域下垫面的测量设备如图 6-3 所示。

图 6-1 天籁湖实景

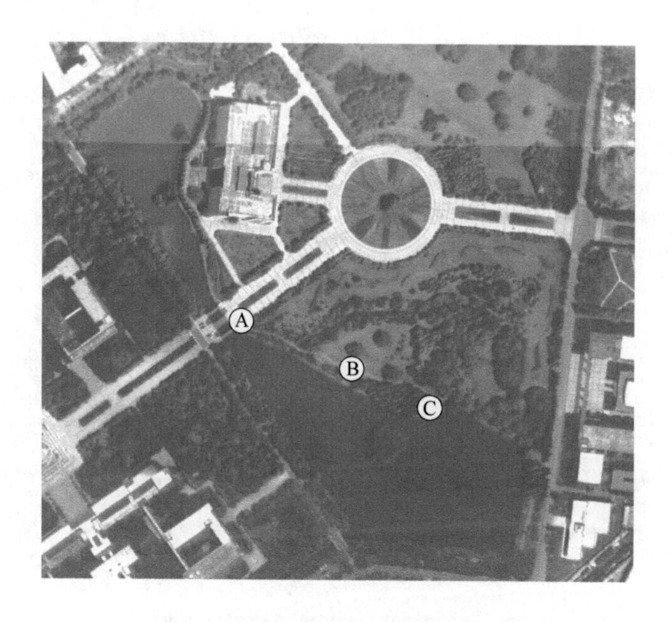

图 6-2 不同下垫面的位置

A—硬质花岗岩路面；B—草坪；C—树木

(a)

(b)

(c)

图 6-3　滨湖区域下垫面的测量设备

(a) 硬质路面；(b) 草坪；(c) 树木

6.2 湖泊对滨湖硬质路面的影响

硬质路面的实景如图 6-4 所示。该路面由两条道路组成，两条道路中间为灌木绿化带。路面宽约 6m，路面为花岗岩材料，路边为乔木和灌木绿化带，乔木主要为银杏树和桂花树，紧靠着天籁湖。

图 6-4 硬质路面实景

路面的测量点距湖边 15m，硬质路面上方的空气温度随时间的变化规律如图 6-5 所示。从图中的数据可以看到，空气温度在 0:00 最低，为 22.9℃。然后，空气温度随时间的推移开始上升，最高温度出现在 15:00，达到了 51.7℃，随后温度开始下降，最大温差为 28.8℃。从图 6-5 中可以看到，10:00 后，空气温度开始快速上升，这主要是因为此时太阳辐射强度开始增强。在太阳的照射下，花岗岩材料的比热容较小，具有吸热快的特点，且下垫面平坦，无植被覆盖，单位时间内吸热与放热的速率均高于其他下垫面，使得路表面温度迅速升高，释放大量的辐射能量到周围空气中，引起路面上方的空气温度增加。空气温度的增加，会导致人体的热舒适性下降。

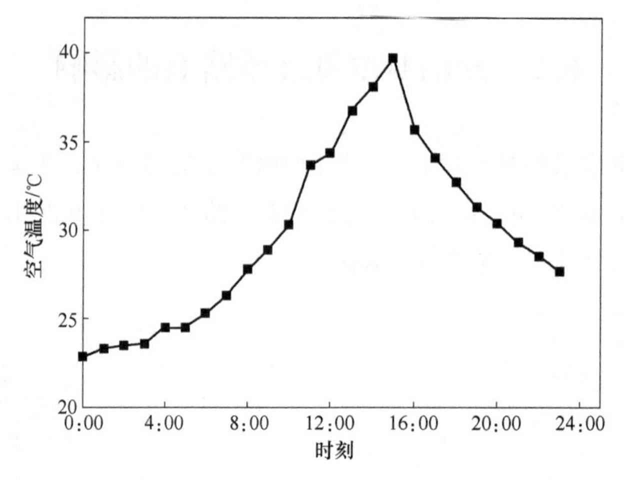

图 6-5　硬质路面上方空气温度随时间的变化规律

硬质花岗岩路面接收太阳辐射能的大小与太阳高度角有密切的关系。早上至中午太阳高度角较小，阳光斜射到花岗岩路面上，花岗岩路面接收到的太阳辐射能较少。在 13:00—15:00，太阳高度角较大，这是一天当中太阳辐射较强的时段，花岗岩路面接收到的太阳辐射能较多。此时，花岗岩路面释放出较多的辐射能，引起路面上空的空气温度升高，这与此前其他研究人员的数值模拟结果相符合。

硬质路面上方空气温度随距离湖泊边界的变化规律如图 6-6 所示。从图中可以看到，随着与湖泊边界距离的增加，硬质路面上方的空气温度先快速增加，随后增速下降，直至温度基本没有变化。超过 30m 后，随着距离的增加，空气温度几乎没有变化，这表明湖泊对硬质路面周边空气温度的影响范围大约是 30m，最高温和最低温的温差约为 1.6℃。由此可见，湖泊对周边的硬质路面具有一定的降温作用。

下面进一步研究空气相对湿度的变化，硬质路面上方相对湿度随时间的变化规律如图 6-7 所示。从图中可以看到，空气相对湿度在夜间至上午的时间段内相对较高，最高值为 83.4%。随后，相对湿度开始快速下降，在 14:00 左右达到最低值，为 44.8%。之后，空气相对湿度又开始回升，直至在 23:00，一天当中最大的湿度差为 38.6%。空气中的水分主要来源于降水和下垫面的蒸发，在晴朗的天气下，空气中的水分主要来源于下垫面的蒸发作用。由于路面没有蓄水能力，因此在太阳照射下，路面上方空气的相对湿度会快速下降。当气温升得越高，地面蒸发越快，随着温度的增加，蒸发产生的水蒸气越多，此时饱和水气压随温度的升高而增大，从而相对湿度减小，导致相对湿度的变化与空气温度变化相反。

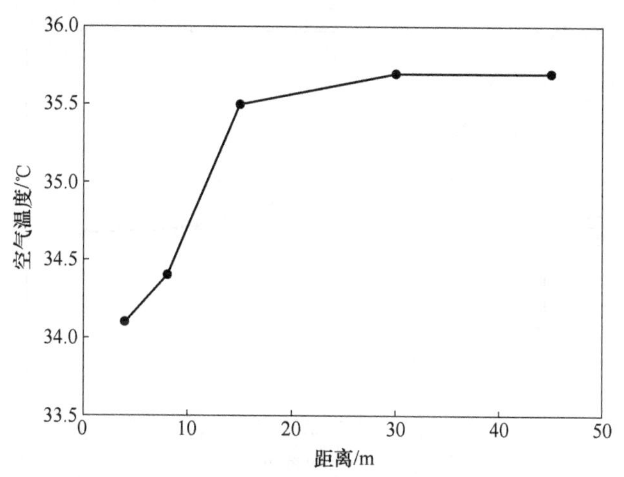

图 6-6 硬质路面上方空气温度随距离湖泊边界的变化规律

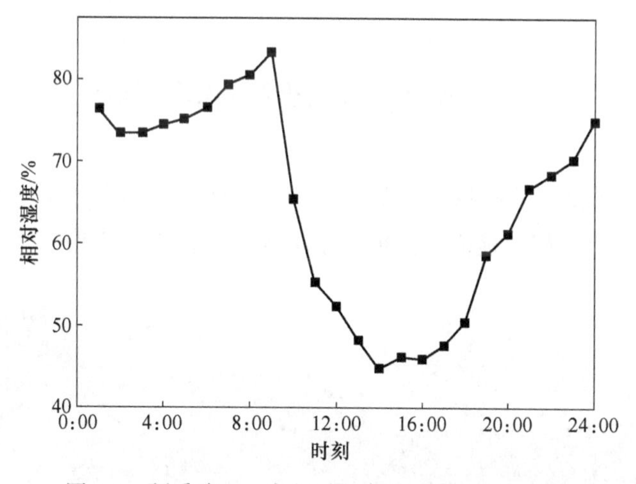

图 6-7 硬质路面上方相对湿度随时间的变化规律

硬质路面上方相对湿度随距离湖泊边界的变化如图 6-8 所示。从图中可以看到，距离湖泊边界越近，空气中的水分越高，空气的相对湿度值越大；距离湖泊边界越远，空气的相对湿度越低。相对湿度降低的过程中，初始阶段降幅比较大，超过 30m 后相对湿度的降幅很小，直至相对湿度几乎没有变化。张伟等人的研究结果显示湖泊增湿效应与湖泊面积指数呈正相关，分别与湖泊形状指数、距离指数呈负相关，其中，面积指数贡献值最大。由于天籁湖的面积小，蓄水量较少，因此对周边空气相对湿度的影响范围小。

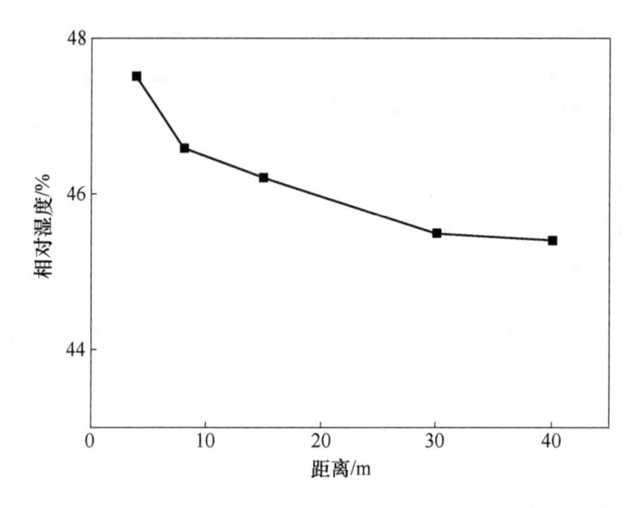

图 6-8　硬质路面上方相对湿度随距离湖泊边界的变化规律

6.3　湖泊对滨湖草坪的影响

图 6-9 是滨湖草坪的实景。从图中可见，草坪区域的周边是一些灌木丛和小的树木，草的长势良好，地面全部覆盖了草坪，无裸露的土壤。核心区域的大片

图 6-9　滨湖草坪实景

草地无遮挡物，阳光可以直射在草坪上。

测量点距湖边 15m，草坪上空的空气温度随时间的变化规律如图 6-10 所示。从图中可以看到，草坪上方空气温度的变化呈现出先减小后增加，最后又减小的趋势。一天当中，温度最低的时间为 7:00，温度最高的时间是 14:00 左右。

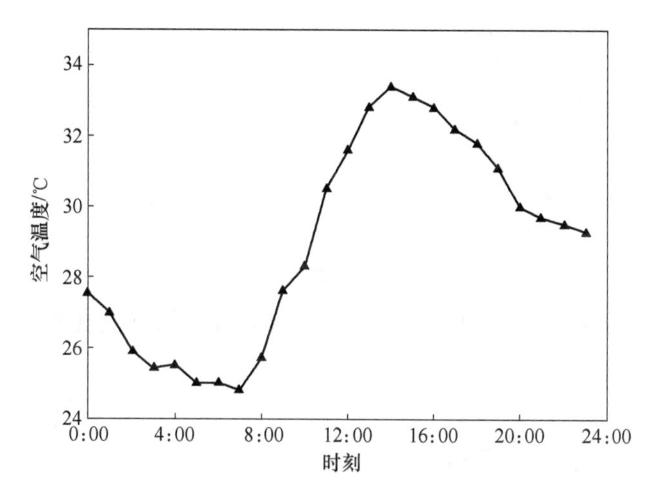

图 6-10　草坪上方空气温度随时间的变化规律

草坪上方空气温度随距离湖泊边界的变化规律如图 6-11 所示。从图中可以看到，距离湖泊边界 4m 处的温度为 32.6℃，随着距离的增加，空气温度逐渐增加，15m 后空气温度增加的幅度开始降低，30m 后气温几乎没有变化。这表明湖泊对草坪上方空气温度的影响范围约 30m。原因是下垫面上植被覆盖的高度与密度的差异，导致不同下垫面对于太阳辐射的反射、吸收以及热量释放不同。此处主要的影响因素可能是土壤的作用，土壤上方有密植的草皮，草在阳光下可以吸收一些太阳辐射进行光合作用，可以有效降低地表面的温度。同时，草由于根系发达，能够吸收土壤中的水分，并通过植物蒸腾作用带走热量，因此能够在一定程度上降低地表温度。

草坪上方相对湿度随时间的变化规律如图 6-12 所示。从图中可以看到，相对湿度随着时间推移呈现出先降低再升高的趋势。相对湿度最低出现在 15:00 左右，为 45.2%；最高的时刻出现在 3:00，为 78.3%；最高与最低的差值为 33.1%。夜间草坪上方相对湿度增加主要是因为前半夜湖水的温度高于周边的下垫面，湖水蒸发散湿，产生的水分不断输送至草坪上方。

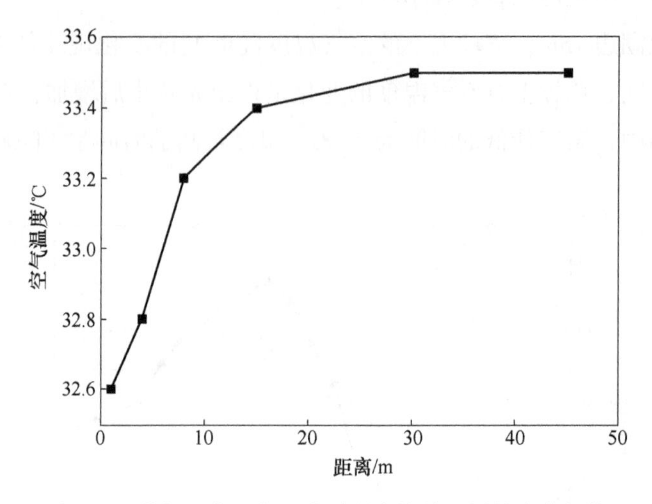

图 6-11　草坪上方空气温度随距离湖泊边界的变化规律

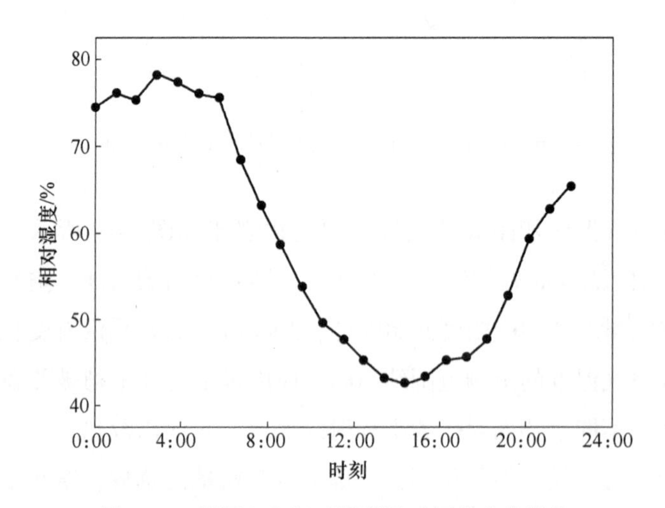

图 6-12　草坪上方相对湿度随时间的变化规律

草坪上方相对湿度随距离湖泊边界的变化如图 6-13 所示。从图中可以看到，相对湿度从最高值 48. 6%降低到最低值 43. 5%。相对湿度在距离湖泊边界 30m 以外变化不大，这表明湖泊对草坪的影响范围在 30m 内。超过这个范围后，湖泊几乎没有影响力。这是因为越靠近水体，水体与大气的热质交换越强烈，水汽的蒸发直接从周围的大气以及物体吸热，同时水汽的蒸发也提高了滨水空间的空气的相对湿度，这表明水体对滨水空间有一定的增湿作用。

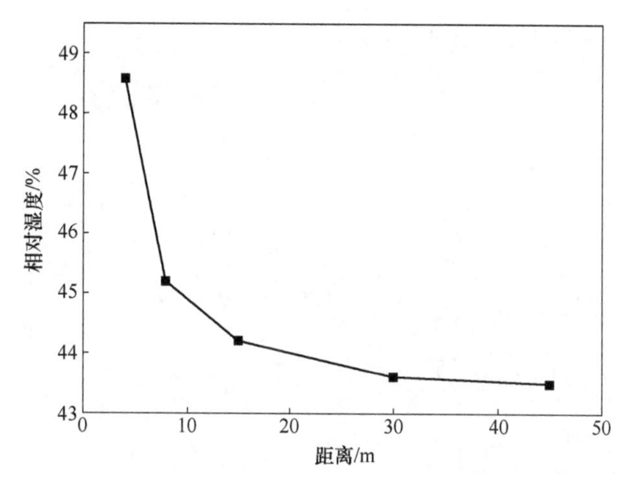

图 6-13 草坪上方相对湿度随距离湖泊边界的变化规律

6.4 湖泊对滨湖树木的影响

滨湖的树木实景如图 6-14 所示，从图中可以看到树木的主要种类是水杉和榕树。水杉属植物落叶乔木，树形高大，树皮灰褐色，呈长条形，幼树树冠尖塔形，老树则为广圆头形。水杉喜温暖湿润气候，喜深厚肥沃的酸性土，不耐涝，对土壤干旱较敏感，对二氧化硫等有害气体的抗性较弱。榕树一般 15~25m 高，胸径可达 50cm，冠幅较大。叶薄革质，狭椭圆形，表面深绿色，有光泽，全缘，是四川地区一种常见的遮阳树木。

树木区域空气温度随时间的变化规律如图 6-15 所示。从图中可以看到，空气温度随着时间推移呈现出先降低再增加，到达峰值后再下降的趋势。最低温度出现在 3:00 左右，为 24.6℃；最高温出现在 16:00 左右，为 32.3℃。可以发现温度的最高值低于天气预报值 38℃，温差达 5.7℃，这充分体现出了树木的优良遮阴效果。在太阳的照射下，由于高大乔木的遮挡作用，特别是榕树密集的树叶导致阳光不能照射到地面，且对地面长波辐射有一定的阻挡作用，因此树荫下的空气温度较低，适宜人类的活动。

树木区域空气温度随距离湖泊边界的变化规律如图 6-16 所示。从图中可以看到，随着距离湖泊边界的增加，空气温度从 30.6℃增加到 31.6℃。但是也应

图 6-14　滨湖树木实景

该注意到，30m 后空气温度增加的幅度明显减小，这是因为湖泊对较远地区的影响力在减弱。在树林区域，湖泊影响力较大的范围是 30m 内。整体来讲，在树林中随着距离湖泊边界的增加，空气温度变化较小。

树木区域相对湿度随时间的变化规律如图 6-17 所示。从图中可以看到，在树林中相对湿度呈现出先增大后减小，达到最低值后再增加的趋势。图中相对湿度的最大值出现在 5:00 左右，为 79.3%；最低值出现在 15:00，为 43.7%，最大相对湿度的差值为 35.6%。

树木区域相对湿度随距离湖泊边界的变化规律如图 6-18 所示。从图中可以

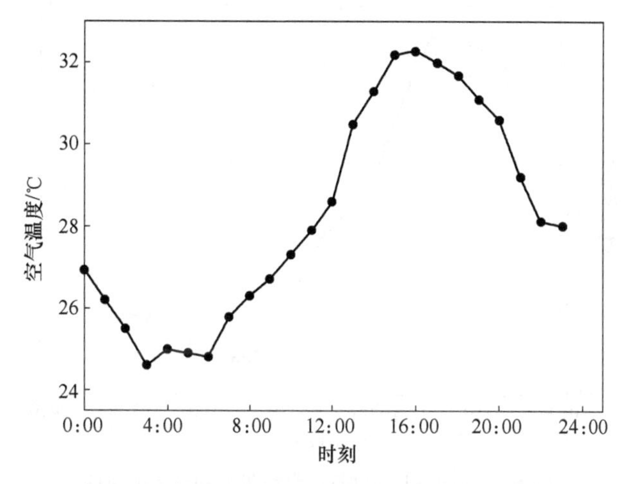

图 6-15 树木区域空气温度随时间的变化规律

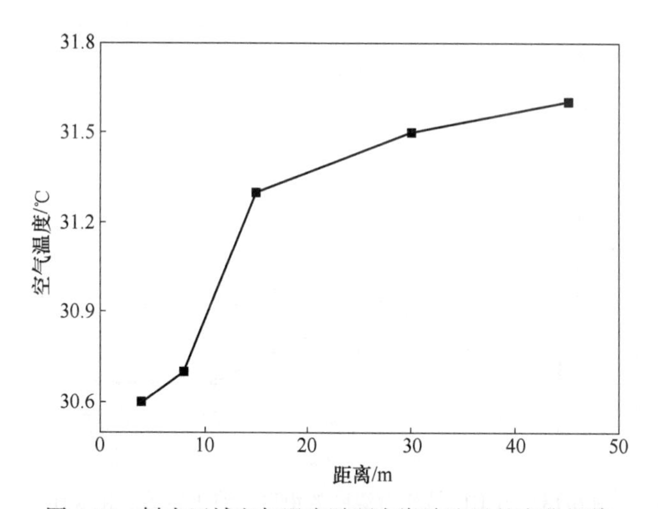

图 6-16 树木区域空气温度随距离湖泊边界的变化规律

看到，相对湿度随着距离湖泊边界的增加而减小，从最高值 48.3% 减少到 43.5%。同时也可以发现，空气相对湿度在 30m 后几乎没有变化。这表明湖泊对树林中空气相对湿度的影响范围约在 30m 内。树木可以影响地表与外界能量的直接交换，夜晚湖水的温度高于其他下垫面，在微气候内具有保温效应，同时其又不断地输出水分至下垫面，导致下垫面相对湿度增加。实际树木分布比较密集，树木的覆盖率较高，相对湿度也较高，这与此前的研究结果相符合。

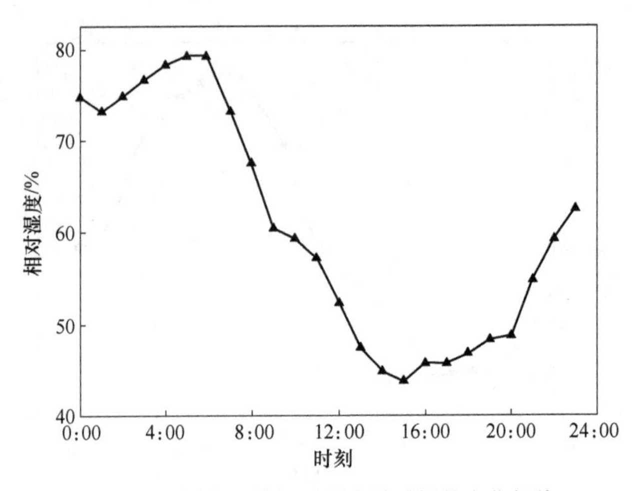

图 6-17 树木区域相对湿度随时间的变化规律

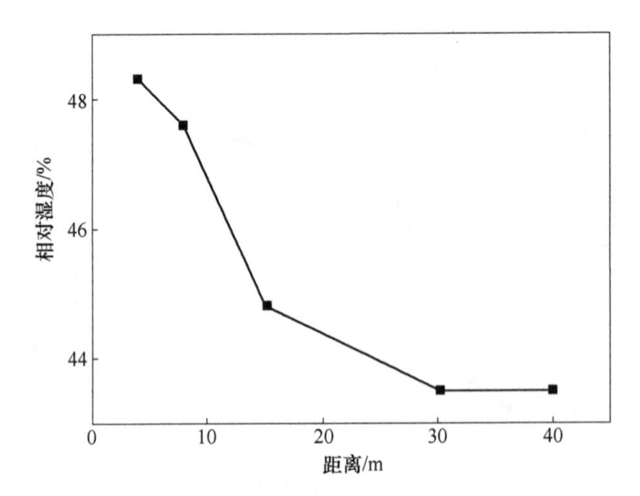

图 6-18 树木区域相对湿度随距离湖泊边界的变化规律

参 考 文 献

[1] 张景哲，刘启明．北京城市气温与下垫面结构关系的时相变化［J］. 地理学报，1988，43（2）：159-168.

[2] Cao X，Onishi A，Chen J，et al. Quantifying the cool island intensity of urban parks using ASTER and IKONOS data［J］. Landscape and Urban Planning，2010，96：224-231.

[3] Du H，Song X，Jiang H，et al. Research on the cooling island effects of water body：A case study

of Shanghai, China [J]. Ecological Indicators, 2016, 67: 31-38.

[4] Xu J, Wei Q, Huang X, et al. Evaluation of human thermal comfort near urban waterbody during summer [J]. Building and Environment, 2010, 45 (4): 1072-1080.

[5] 张伟，朱玉碧，陈锋．城市湿地局地小气候调节效应研究——以杭州西湖为例 [J]．西南大学学报（自然科学版），2016，38（4）：116-123.

[6] Mahmoud A . Analysis of the microclimatic and human comfort conditions in an urban park in hot and arid regions [J]. Building & Environment, 2011, 46 (12): 2641-2656.

[7] Saaroni H, Ziv B . The impact of a small lake on heat stress in a Mediterranean urban park: the case of Tel Aviv, Israel [J] . International Journal of Biometeorology, 2003, 47 (3): 156-165.

[8] 刘永华，黄顺，涂江峰，等．新建馨园湿地对周围热环境的影响调查 [C]//中国建筑学会暖通空调分会、中国制冷学会空调热泵专业委员会．全国暖通空调制 2008 年学术年会资料集．北京：中国建筑工业出版社，2008：134.

[9] 于震，李先庭，王苏颖，等．建筑物日影作用下不同类型下垫面表面温度的实验研究 [C]//全国暖通空调制冷 2002 年学术年会．北京：中国建筑工业出版社，2002：271-276.

[10] 荆灿．夏热冬冷地区城市下垫面对微气候营造的影响研究 [J]．艺术教育，2011，12：157.

[11] 商茹，李嘉乐，李薇，等．北京城市绿地不同下垫面对环境微气候影响研究 [J]．中国农学通报，2019，35（22）：77-83.

[12] 吴翠花．基于 ENVI-met 的城市微气候模拟研究——以南昌绳金塔历史街区为例 [D]．南昌：南昌航空大学，2019.

[13] 钟秀娟．新疆于田县秋季不同下垫面小气候特征对比研究及其生态意义 [D]．乌鲁木齐：新疆大学，2010.

[14] 郑文亨，李倍宇，康家胜，等. 桂北地区夏秋过渡季校园景观对局地微气候的影响 [J]．科学技术与工程，2021，21（13）：5236-5244.

[15] 苏艳．基于 ENVI-met 模拟估算安徽农业大学校园绿地微气候效应 [D]．合肥：安徽农业大学，2022.

[16] 张 伟，陈存友，胡希军，等．基于计算流体动力学（CFD）的湖泊因子对城市湖泊增湿效应的模拟研究：以湖南烈士公园湖泊为例 [J]．生态与农村环境学报，2021，37（1）：110-119.

[17] 王小伦，张玉，刘雁．小气候内不同下垫面气象要素差异研究 [J]．白城师范学院学报,2021，35（5）：78-83.

[18] 黄璐琦，詹亚华，张代贵．神农架中药资源图志（第1卷）[M]．福州：福建科学技术出版社，2018.

[19] 张嫱，陈天，臧鑫宇．高校老校区外部空间夏季小气候影响因素解析 [J]．建筑节能，2020，48：85-92.

7 基于机器学习的空气温度预测

机器学习作为当前热门学科，是以概率、统计、算法复杂度等为理论基础，采用计算机模仿人类学习的方法。随着人工智能的发展，机器学习在图像识别、语音识别、自然语言处理、预测等方面取得了一系列成果。Mitchell 认为计算机根据自身经验主动调整系统分析处理能力的表现是机器学习，而机器学习是计算机从现存数据中分析数据中的内在联系，得出科学的数学模型，再根据模型产生新数据，并对数据进行分析和处理的过程。机器学习的基础是 Mcculloch 等人提出的神经网络层次结构模型。朱晶晶等人以 1970—2014 年间海南省各市县的月平均温度为基础，建立了温度的支持向量机（SVM）回归方法预测模型，发现 SVM 算法在温度的短期预测中具有较好的效果。Su 等人根据卫星遥感数据的数据集，采用 SVM 的方法发现在印度洋 1km 以上的表层温度异常，并采用 Argo STA 数据验证了结果的可靠性和准确性，其中 *RMSE* 和 R^2 两者都得到了改善。Mohammadi 等人以伊朗班达尔·巴斯和塔巴斯两个气象站的数据，用支持向量机（SVM）和人工神经网络（ANN）技术对 ELM 模型进行了评估。Deka 等人用 SVM 模型研究了印度半干旱地区的露点温度，均方根误差为 1. 98℃。

随机森林（RF）是一种非常具有代表性的 Bagging 集成算法，它的所有基评估器都是决策树。作为一种机器学习算法，随机森林用途较为广泛。Everardo 等人采用不同的机器学习方法建立预测地表温度的模型，结果显示随机森林法的预测结果较好。李建明等人将河海流域划分为五个子研究区域，研究 RF 模型在不同下垫面性质区域的表现，结果显示模型 R^2 分别为 0. 815 和 0. 896，*RMSE* 分别为 3. 15K 和 2. 88K。Hutengs 等人采用 RF 算法研究地表温度，并采用红光、近红外波段的地表反射率和数字高程模型 DEM 构建最优解释向量集，建立了简单随机森林降尺度模型（Basic-RF），得到了地表温度。邢立亭根据 14 个站点的实测数据，对支持向量机模拟结果进行了研究，发现 SVM 模型在预测黄土高原的近地表气温时会偏高。随后，他们又利用卫星遥感数据与随机森林相结合的算法，研究了 2003—2016 年间黄土高原地区长时空序列的气温数据，发现随机森林算法与遥感数据共同使用时，得到的计算结果精度较高。白琳等人利用气象站点的气温数据以及高程建立随机森林模型来反演地表温度，结果显示随机森林反演的地表温度误差较小。

7.1　随机森林方法

采用机器学习对气象观测资料进行分析和处理，并以此为依据对未来的天气进行预报。统计与机器学习方法相比，需要时间较长的大量历史数据和更加精准的特征选择做支撑。机器学习算法的特点是有能力选择更为复杂的函数对原始数据进行处理。在相对有限的特征数量以及更少数据集的情况下，机器学习算法也能够取得良好的效果。同时，借助机器学习的优化原理，参数获取也相对容易。

Kiziloz 提出随机森林的算法，对非线性数据有更好的效果，能够减小数据误差，提高精确度。随机森林方法是以 Bagging 方式为集成的一种有监督的集成机器学习方法，采用自主抽样的方式，在原始训练集中有放回并随机地抽取样本，然后基于随机抽取的样本，构建回归树和分类树，最后将每一棵分类或者回归树预测结果的均值作为预测结果。

随机森林中的每一棵决策树都是单一独立的基学习器。其具有运算容量小、所容纳的样本数量大、适应性强、表现能力好等特点。重要的是，它避免了如单棵决策树在执行预测任务中所产生的过拟合的问题。在进行空气温度预测时，随机森林不同的决策树会在随机的背景下，选取不同程度对气温有影响的相关特征来做气温预测的判断，随后汇集到每一棵决策树的判定结果做累加和运算，最后再取均值从而得到气温的预测值，故每一棵决策树都会影响最终的温度预测值。随机森林在数据集的选择过程和输入特征的选择中，均有较强的随机性；同时，多棵决策树的构建，能够有效地避免过拟合现场的产生。随机森林回归算法如图 7-1 所示。

随机森林的建模思路如下：

（1）从原始的训练集中采取有放回的方式随机抽取样本中的数据，组成样本集；

（2）使用分类或者回归树的函数，对随机抽取样本集建立与之对应的分类

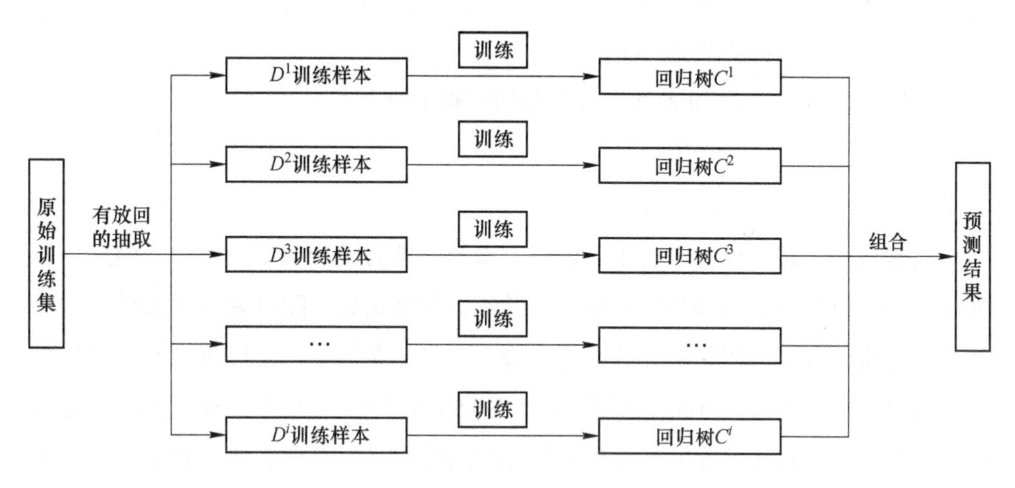

图 7-1 随机森林的回归算法

树或回归树模型。

在模型的预测过程中，测试集中包含的一组特征会输入随机森林每一棵分类与回归树模型中，同时得到相应的预测值。当输入的测试集中有 K 个预测值时，K 个预测值的平均值为该组测试集的最终预测结果，见式（7-1）。

$$H(x) = \frac{\sum_{i=1}^{K} E_i(x)}{K} \tag{7-1}$$

式中 $H(x)$ ——最终的预测结果；

x ——特征向量；

K ——随机森林中回归树的棵数；

$E_i(x)$ ——第 K 个分类与回归树模型的预测值。

随机森林采用的是自主抽样，且在随机有放回的方式下，在训练和学习中，1/3 的样本用于建模，该部分样本被称为袋外样本（OOB，Out of Bag）。在随机森林分类与回归树模型的训练中，不需要引入交叉验证法和独立测试集的无偏估计法，仅使用袋外样本即可实现其内部估计，其公式为式（7-2）。

$$P(\mathrm{OOB}) = \frac{\sum_{i=1}^{k} \frac{\sum_{i=1}^{l} (y_l - y_t)^2}{l}}{k} \tag{7-2}$$

式中　$P(OOB)$——随机森林回归模型中的平均袋外误差率；

l——袋外样本的数；

k——随机森林中分类与回归树的棵数；

y_l——真实值；

y_t——预测值。

通常认为，袋外误差率趋于稳定时的参数，即为模型的优选参数。因此，袋外误差率可以作为随机森林回归模型中的参数调试指标。随机森林回归模型中的核心学习机是分类与回归树，其在给定输入变量的条件下，以形成二叉树的形式分裂成决策树，最终输出预测值条件概率分布机器学习方法。该方法最早是由Everitt提出的，既可以解决离散数据的分类问题，又可以解决连续数据的回归问题。分类和回归树的本质是在每一类特征中，找到最优的切分点；随后，根据每一类特征的重要性，依次按照最优的切分点进行二叉树分类；最后，将样本数据划分为有限个单元域，各单元域所有输出值的平均值，即为单元域的最优输出值。

模型的评估指标采用平均绝对误差（*MAE*）、均方根误差（*RMSE*）、平均绝对百分比误差（*MAPE*），见式（7-3）~式（7-5）。*RMSE* 用于衡量预测结果数值与实测结果数值的偏差程度，其数值越小，表明预测的精度越高；*MAPE* 是平均绝对百分比误差，以百分比来衡量预测结果的好坏。

$$MAE = \frac{\sum_{i=1}^{n} |y_i - y_t|}{n} \tag{7-3}$$

$$RMSE = \sqrt{\frac{\sum_{i=1}^{n} (y_i - y_t)^2}{n}} \tag{7-4}$$

$$MAPE = \frac{\sum_{i=1}^{n} \frac{|y_l - y_t|}{y_l}}{n} \times 100\% \tag{7-5}$$

式中　y_i——测量的数值；

y_t——模型的预测值；

n——袋外数据样本的数量。

7.2 数据处理

随机森林回归模型是一种监督集成式的机器学习方法，具有灵活、高效、精确、便于使用等特点，同时可处理离散型数据与连续型数据。在使用的过程中，其还能够有效地避免过度拟合。目前，随机森林回归模型在微气候研究领域的应用较少，此处使用 Bagging 方式集成和 CART 回归树为核心函数的随机森林回归模型，对空气温度进行预测和分析。根据 2020—2022 年 3 个气象站的数据，预测夏季未来 1h 的空气温度。

气象站分别布置在草坪（P1）、树木（P2）和滨水下风口位置（P3），如图 7-2 所示。每隔 10min 采集一次气象参数，主要包括空气温度、相对湿度、露点温度、风向、风速、大气压力、露点温度等。实际安装的小型无线气象站如图 7-3 所示。

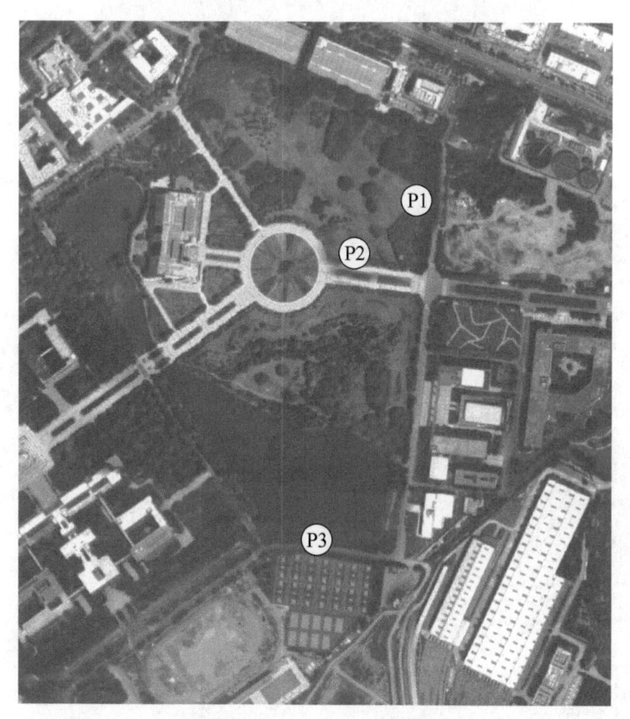

图 7-2 气象站的具体位置

地面上气象站的实测数据是目前普遍使用的基础资料；但是，受限于气象站分布的影响，在观测时仍会有无法测到以及遗漏的数据。气象站在采集气象数据

(a)

(b)　　(c)

图 7-3　安装的小型无线气象站

（a）草坪；（b）树木；（c）滨水下风口

时，并非所有数据均是正常的数据，而是存在一些异常的数据，为了确保机器学习模型预测结果的准确性，需保证数据集的合理性以及准确性。同时，各个气象参数的量纲不同，在模型的建立过程中，未对量纲进行处理的数据，将会对模型造成一定的影响。因此，需要对原始数据集进行预处理。对数据的处理主要包括数据清洗和数据保准化。

对数据的清洗主要针对数据集中异常的数据和缺失的数据。在数据集中，对于异常值和缺失值的数据通常用一个固定值替代，在此情况下，可以直接对此进行判断识别。本次的数据采用 Python 进行预处理，对缺失值的识别主要是 isnull 函数，此函数可以计算数据集中变量缺失值的数量，以及能够快速定位缺失值所在的行数，能够准确判断变量中是否存在缺失值。采用 isnull 函数判断后，先将异常值转换为缺失值，再将异常值替换为 None。缺失值的处理方法主要包括删除法、替换法、插值法。

大部分评价指标都有特定的量纲以及对应的范围，在机器学习建模的过程中，量纲和范围的不同，会造成最后的模型预测结果有偏差。因此，需要对数据集中的数据进行归一化（又称为数据标准化）。数据归一化的目的在于，使用一定的数据转换方法将所有数据的量纲进行统一，方便对数据进行处理，解决不同特征指标之间可比性的问题。目前，常用的归一化方法有 Min-Max 标准化和 *Z*-score 标准化方法。

Min-Max 标准化也称为离散标准化，在数据集中由数据的最大值和最小值来对初始数据进行线性转换，使得转换的数值保持在［0，1］之内，转换公式见式（7-6）。

$$X_{norm} = \frac{X - X_{min}}{X_{max} - X_{min}} \tag{7-6}$$

式中 X——数据集中的数据；

X_{max}——数据的最大值；

X_{min}——数据的最小值。

Z-score 标准化也称为标准差归一化，由于数据集中初始数据组的均值与标准差对原始的数据进行了转换，因此处理后的数据呈现标准正态分布规律，转换公式见式（7-7）。

$$Z = \frac{x - \mu}{\sigma} \tag{7-7}$$

式中　μ——总体数据的均值；

σ——总体数据的标准差；

x——原始样本的值。

由于气象要素的数量级和单位不同，如果直接输入将会对模型产生影响，因此采用 Z-score 标准化来对原始数据进行归一化处理，使得处理后的特征数据不受量纲的影响，从而提高模型的训练速度和保证结果的准确性。

分类与回归树模型既能够处理连续型变量，又能够处理离散型变量。为了简化模型，对每隔 5min 测的风向，将在 0°~45°和 315°~360°之间的风向设定为 1，将风向在 45°~90°和 270°~315°设定为 2，将风向在 90°~135°和 235°~ 270°设定为 3，将风向在 135°~235°设定为 4。该特征的方案称为简单特征输入方案。

随机森林回归树中，CART 回归树在进行二叉树的分裂过程中，未对特征自身的变化以及特征与特征之间的交互作用带来的影响进行考虑。其原理是，从所有特征的所有切分量对某一最优切分特征的切分量进行分裂。在简单特征的基础上，引入复合特征来表示特征之间的交互作用以及特征之间交互作用带来的影响。分别引入一段时间内持续影响 1h 内的累计降水量、空气温度、相对湿度和太阳辐射 1h 内的变化量，该特征的方案称为复合特征输入方案。

7.3　基于机器学习的空气温度预测

7.3.1　建模步骤

采用机器学习的方法对空气温度进行预测，其建模的步骤如下。

（1）确定数据集。首先对数据集进行标记，机器学习的建模原理是基于对数据集进行标记，与普通的建模原理不同。对数据集进行标记，即找出数据中的自变量与因变量数据，并确定自变量与因变量的关系，即机器学习使用算法是从标记的数据集中寻找到变量间的映射关系及规律。

（2）对所需数据集分析。在标记的数据集中，不是所有的特征均能被机器学习算法识别，当发现无用的特征时，需要对其进行剔除。故在建立机器学习算法模型时，需要对标记数据集里的数据进行分析，便于对数据集中的特征构建，成为后续特征工程、模型设计以及训练的基础。

（3）模型设计及训练。在机器学习中选择不同的算法，会形成不同的模型，而模型本身的数学原理以及结构都会影响最终所建立的模型。特征工程的建立过程中也会使模型有输入与输出之间的关系。模型在训练的过程中以不断迭代的方式，来确保算法参数的调优，即机器学习通过算法从数据自身角度学习数据之间的规律。在模型训练中，不同的训练方案和算法以及模型的评估指标，可能会影响最优参数的选择。

7.3.2 随机森林回归模型的参数调试

以 2020 年和 2021 年 3 个气象站的夏季数据为基础，建立随机森林回归模型的测试集，以 2022 年的数据集作为验证集，验证模型的评估指标采用 *MAE* 和 *RMSE*。

随机森林采用独特的抽样方式，在模型的训练中不需要采用交叉验证以及独立测试集的无偏估计法。因此，使用袋外样本估计法可实现对内部的估计。随机森林中回归树的模型数量是影响模型建立的关键参数。在模型参数调试的过程中，以模型的袋外误差率作为模型的训练指标。随机森林回归模型中，袋外误差率与回归树模型个数的关系如图 7-4 所示。

在不同输入特征的方案下，随机森林回归模型的袋外误差率变化的趋势基本相似。但是，不同气象站在相同特征方案下，以及同个气象站在不同特征输入方案下的平均袋外误差率存在差异。在同种特征的输入方案下，随着随机森林回归模型的平均袋外误差率减小，回归树的数量在增加，也意味着模型的复杂程度变高。

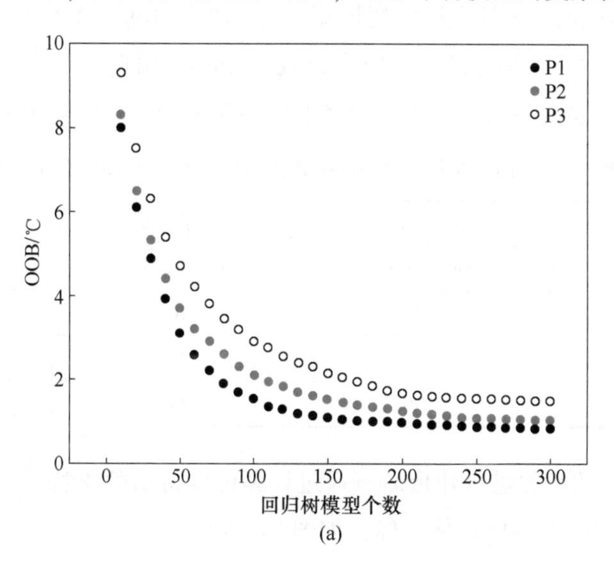

(a)

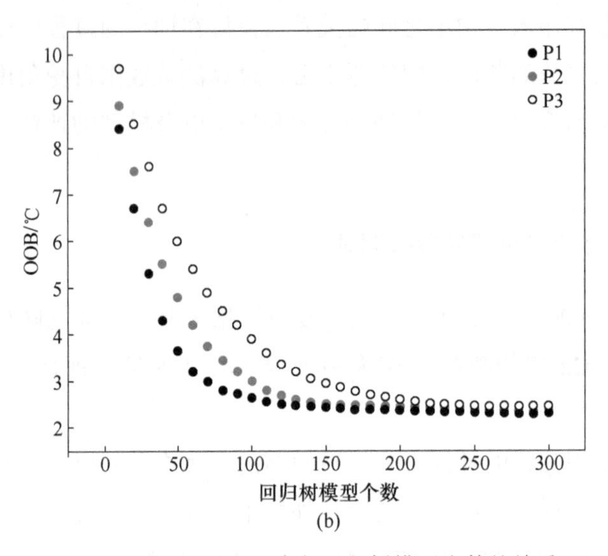

(b)

图 7-4　平均袋外误差率与回归树模型个数的关系

(a) 引入简单特征建模时的调试参数结果；(b) 引入复合特征建模时的调试参数结果

不同下垫面不同袋外误差（OOB）参考值对应的回归树模型个数见表 7-1。从表中数据可知，在简单输入特征方案下的试调试参数，P1、P2、P3 的平均袋外误差率在 2.5℃后稳定。引入复合特征后，除 P3 气象站点，其余站点的平均袋外误差率在 2℃左右。在同样的参考标准下，引入复合特征后随机森林回归树模型个数可以减少，P1 站点回归树模型个数减少了 16%，P2 站点回归树模型个数减少了 13%，P3 站点回归树模型个数减少 48%。由此可见，引入复合特征后模型的平均袋外误差率降低，不同模型的回归树模型个数降幅不同。

表 7-1　不同下垫面、不同 OOB 参考值对应的回归树模型个数

气象站	简单特征	复合特征	复合特征
	OOB<2.5℃	OOB<2.5℃	OOB<1.5℃
P1	120	100	150
P2	150	90	130
P3	290	140	230

根据表 7-1 的参数进行建模后，通过计算可以得出简单特征与复合特征下随机森林回归模型中的各项评估指标，如图 7-5 所示。

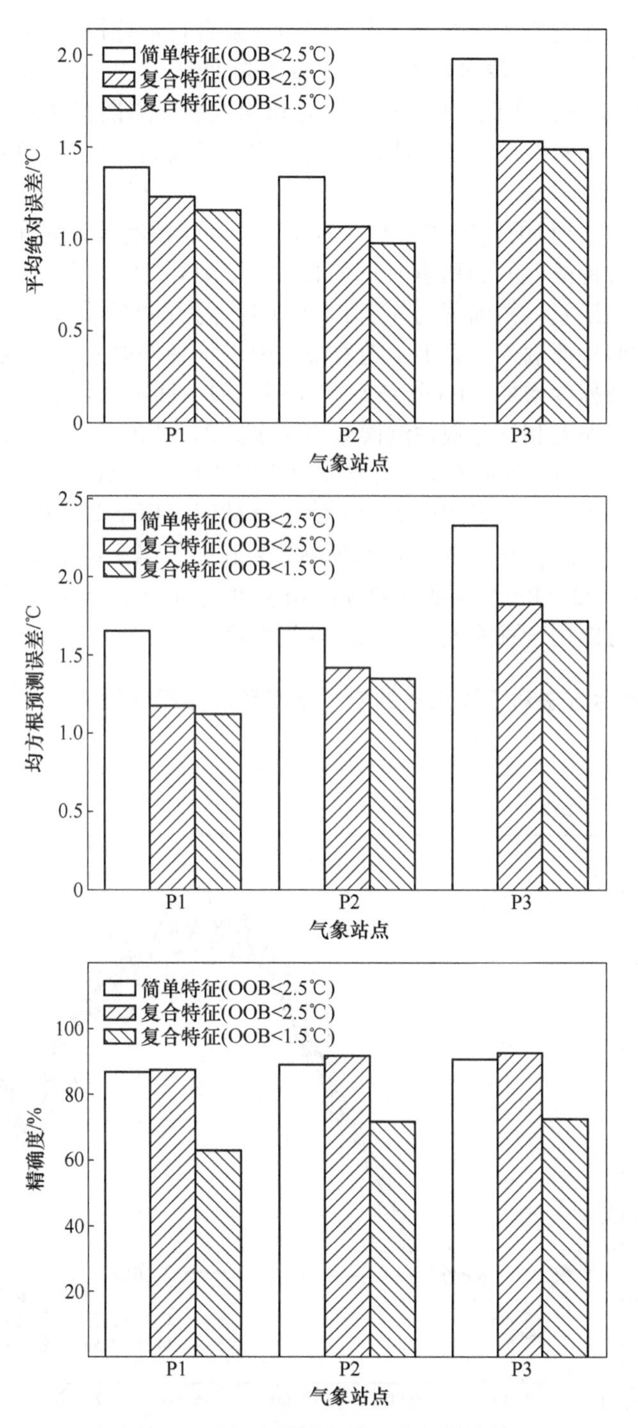

图 7-5 随机森林回归模型的评估结果

在同种袋外误差率的标准下，当采用引入复合特征建模后，P1 气象站点温度预测模型的平均绝对误差和均方根预测误差降低约 0.2℃，精确度增加 3.9%。P2 气象站点温度预测模型的平均绝对误差和均方根预测误差降低约 0.3℃，精确度增加 5%。P3 气象站点温度预测模型的平均绝对误差和均方根预测误差降低约 0.5℃，精确度增加 8%。由此可知，在简单特征的随机森林回归模型下，P1 气象站点与 P2 气象站点的预测效果差别不大，二者的预测效果均优于 P3 气象站点模型。引入复合特征后的随机森林回归模型下，P3 气象站点模型的平均绝对误差、均方根预测误差、精确度均优于 P1 和 P2 气象站点的模型。

在同一类型特征输入方案下，随着模型中平均袋外误差率的减小，随机森林回归模型的复杂程度增加。P3 气象站点预测模型中回归树增加了 90 棵，精确度增加，平均绝对误差和均方根预测误差均减小。P1 和 P2 气象站点的回归树棵树均增加 40 棵，其平均绝对误差、均方根预测误差以及精确度与 OOB<2.5℃时的模型预测精度差距较小。采用简单特征随机森林回归模型时，P1 和 P2 气象站点的预测效果最为接近，P3 气象站点的预测效果较差。当采用复合特征随机森林回归模型时，P1、P2、P3 气象站点的预测精确度均有一定提升。因此，随机森林回归模型方法可以用于预测滨水空间的空气温度。

7.3.3　随机森林方法对不同天气的空气温度预测结果的比较

从夏季数据集中，选择 24h 内无缺失的晴天、阴天的数据，研究随机森林回归模型在不同天气情况下的预测结果。晴天时，三种模型的预测值如图 7-6 所示。

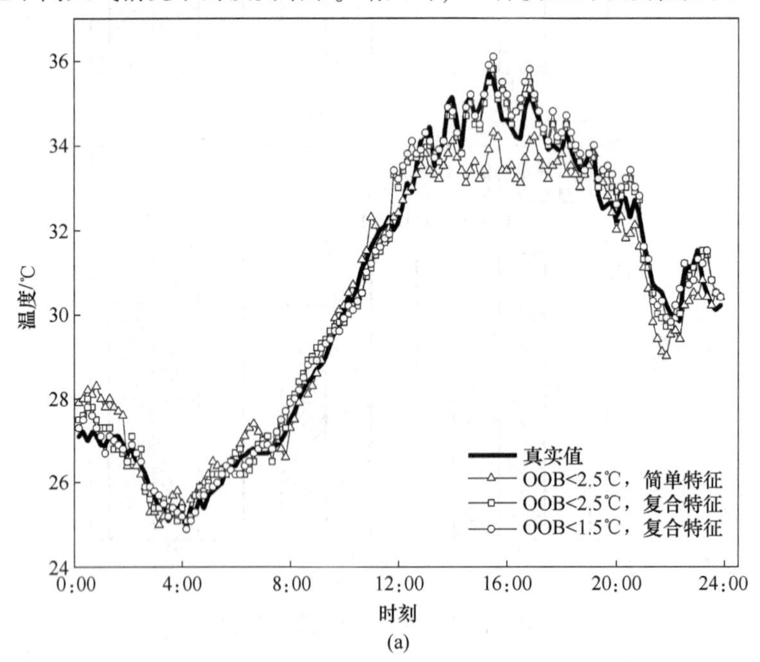

(a)

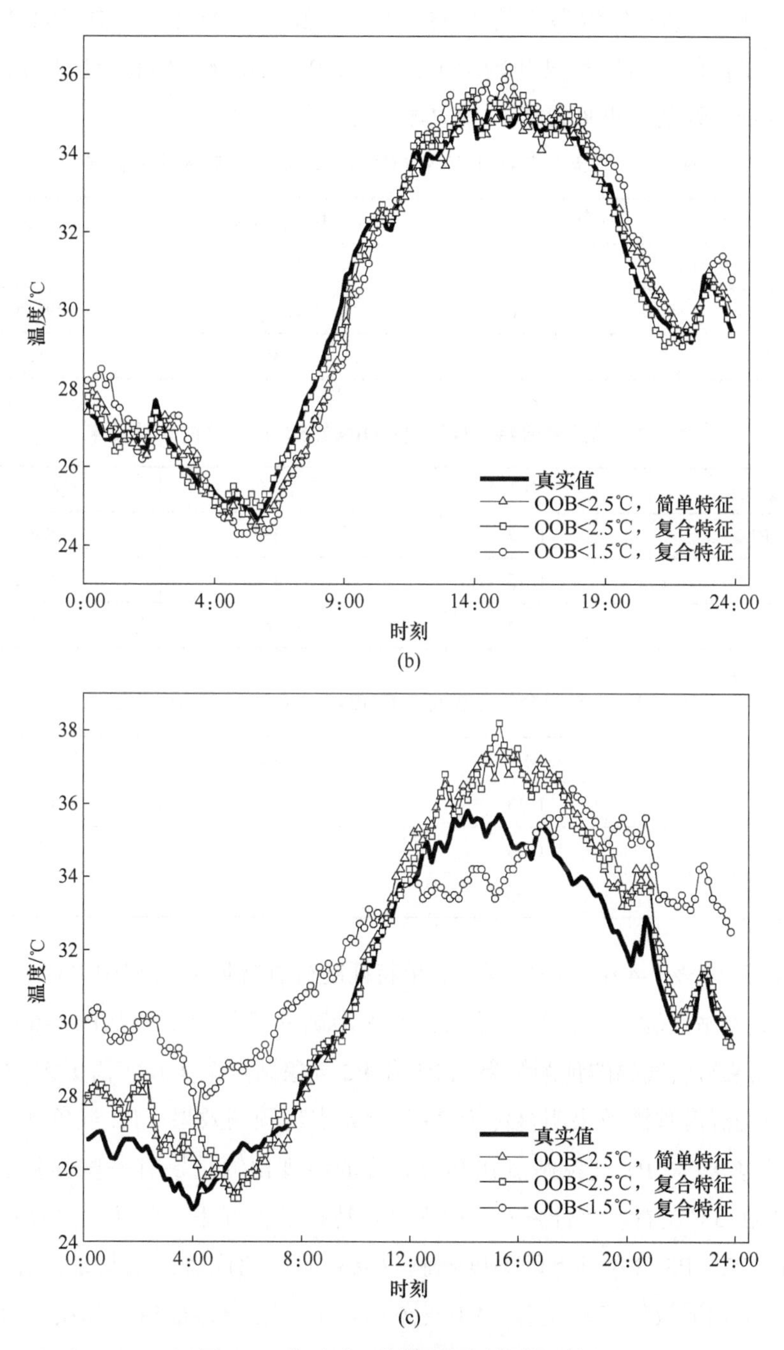

图 7-6 晴天时三种模型预测值的比较

(a) P1；(b) P2；(c) P3

白天日照达到 13h，气温最高值为 35.6℃，最低值为 25.6℃。空气温度在 5:00 左右达到最低值，随后气温开始增加，在 14:00—16:00 之间达到最高值后，气温开始降低。评估结果见表 7-2~表 7-4。

表 7-2　晴天简单特征模型（OOB<2.5℃）温度的评估结果

气象站点	平均绝对误差/℃	均方根预测误差/℃	精确度/%
P1	1.53	1.83	84.7
P2	1.36	1.68	95.5
P3	2.57	2.85	68.3

表 7-3　晴天复合特征模型（OOB<2.5℃）温度的评估结果

气象站点	平均绝对误差/℃	均方根预测误差/℃	精确度/%
P1	1.22	1.63	86.2
P2	1.15	1.47	96.2
P3	1.74	1.86	83.7

表 7-4　晴天复合特征模型（OOB<1.5℃）温度的评估结果

气象站点	平均绝对误差/℃	均方根预测误差/℃	精确度/%
P1	1.13	1.53	89.4
P2	1.04	1.41	95.8
P3	1.69	1.84	85.6

从表 7-2~表 7-4 中可以发现，简单特征随机森林回归模型中 P3 气象站点比 P1、P2 气象站点温度预测的误差大，预测准确率不足 70%。从图 7-6 中数据可知，P3 气象站点气温的预测结果比 P1 和 P2 气象站点偏离真实值更大，P1 和 P2 气象站点的温度预测效果明显优于 P3 气象站点的预测效果。P2 气象站点的预测准确率超过 95%，P1 气象站点在部分时段的温度预测结果有一些偏差，与真实值的偏差在 3℃左右。综合来看，引入复合特征的情况下，随机森林回归模型在提高 P1、P2、P3 气象站点的温度预测效果有明显的优势，尤其是提升 P3 气象站点的温度预测效果特别显著。P1 气象站点引入复合特征后的随机森林回归模型在9:00—19:00 的预测效果优于采用简单特征建模的随机森林回归模型。

阴天时，三种模型预测值的比较如图 7-7 所示。此时日照时长为 0，气温最高为 32.5℃，最低为 21.6℃。气温在 6:00 到达最低值，最高值在 14:00—17:00

之间。评估结果见表 7-5~表 7-7。

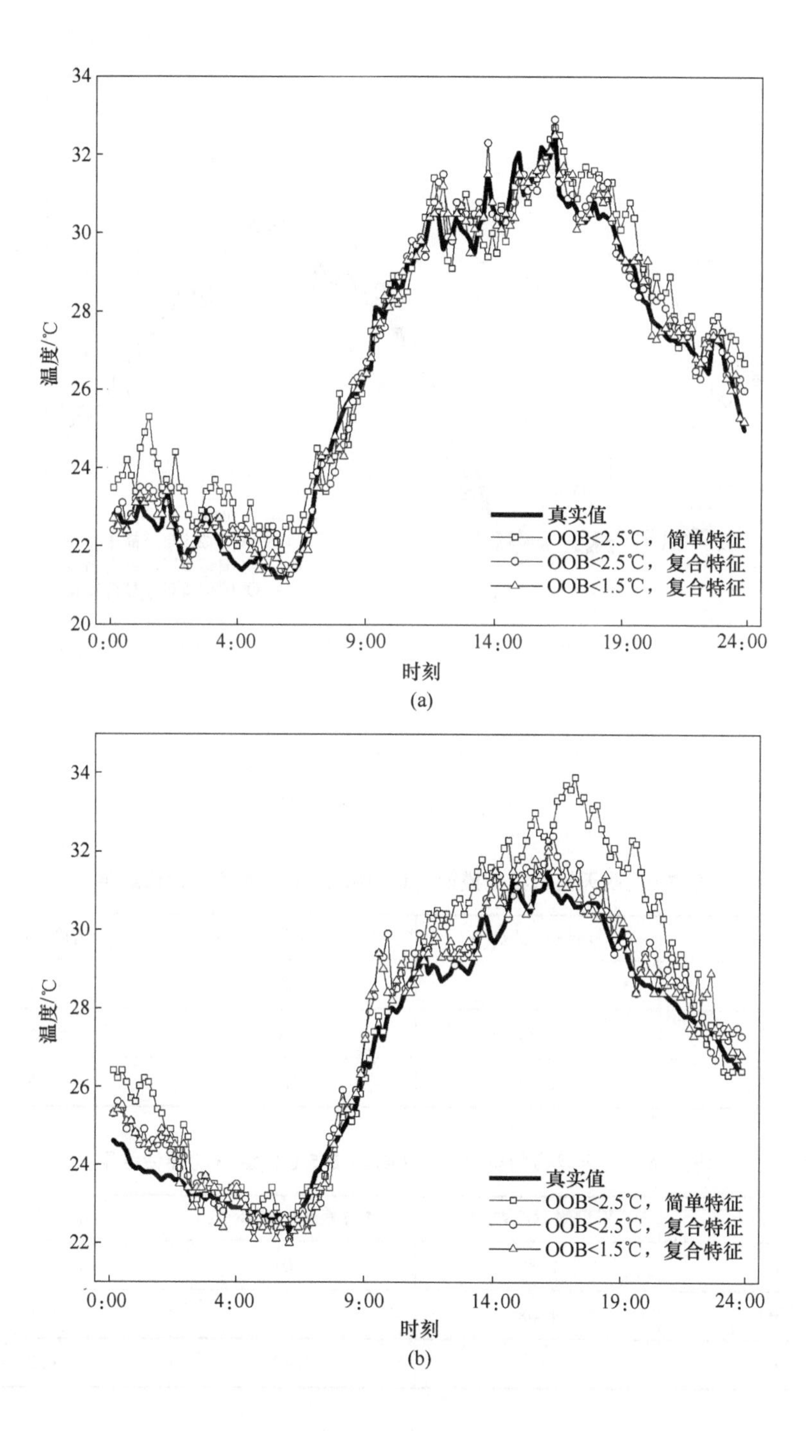

(a)

(b)

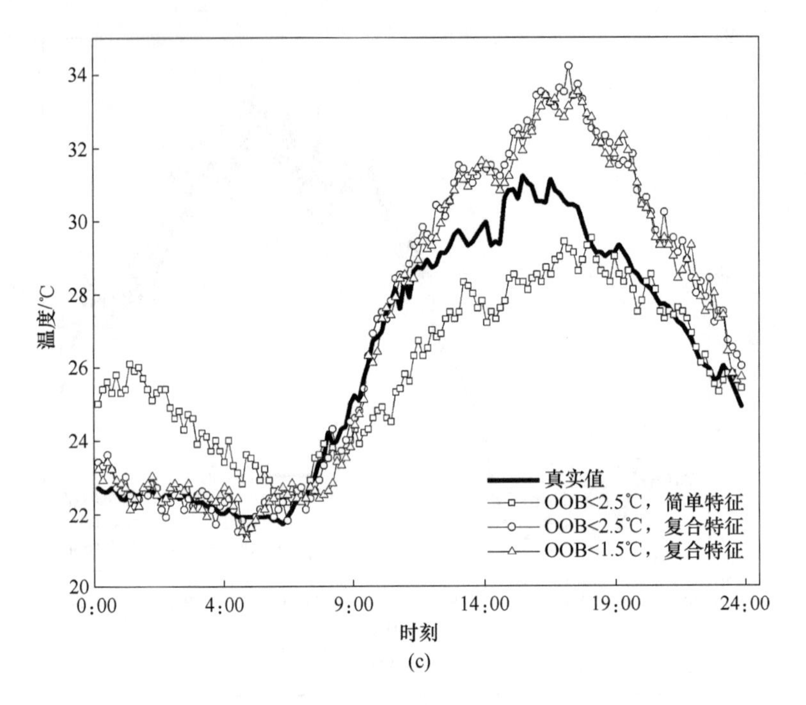

(c)

图 7-7　阴天时三种模型预测值的比较

(a) P1；(b) P2；(c) P3

表 7-5　阴天简单特征模型（OOB<2.5℃）温度的评估结果

气象站点	平均绝对误差/℃	均方根预测误差/℃	精确度/%
P1	1.13	1.22	86.7
P2	1.23	1.36	81.5
P3	2.89	3.12	53.8

表 7-6　阴天复合特征模型（OOB<2.5℃）温度的评估结果

气象站点	平均绝对误差/℃	均方根预测误差/℃	精确度/%
P1	0.89	1.01	90.4
P2	1.08	1.16	89.6
P3	1.86	1.69	76.3

表 7-7 阴天复合特征模型（OOB<1.5℃）温度的评估结果

气象站点	平均绝对误差/℃	均方根预测误差/℃	精确度/%
P1	0.83	1.06	91.3
P2	1.02	1.13	90.7
P3	1.76	1.56	78.5

由表 7-5~表 7-7 的数据可知，P1 和 P2 气象站点的随机森林回归模型温度预测效果较好，三种预测模型的预测气温值与实测的气温值相差较小，二者的数值吻合度高。1:00—11:00 的时段内，引入复合特征的随机森林回归模型中，P3 气象站点对温度的预测结果明显优于使用简单特征的随机森林回归模型。

采用随机森林回归模型的方法，分别对晴天和阴天的空气温度进行预测，模型的主要影响因素是输入特征类型的差异和回归树模型的个数。同时，输入特征类型和回归树模型的个数，也会受到调试参数的影响。简单特征方案和复合特征方案的区别是复合特征是在简单特征方案的基础上增加了周围气象因素的影响，增加了随机森林回归模型内每一棵回归树的复杂程度。随着模型内每一棵树复杂程度的增加，森林中树的棵数会减少，整片随机森林模型被简化，进而模型的袋外误差率减小。在同种输入特征的方案下，当模型内回归树数量增加时，随机森林模型内的复杂度也随之增加，最终使得模型的平均袋外误差率减小。

根据对空气温度预测结果的分析可知，草坪测点 P1、树木测点 P2 的位置相比天籁湖下风向的 P3 气象站点，它们周围的气象要素波动以及环境要素要简单些。下风向的 P3 气象站点影响因素较多，比如，站点附近有硬质材料路面，夜晚下有人员流动、风速的作用等。风速和风向的变化比其他两个气象站点要复杂。P3 气象站点处于天籁湖下风向位置，附近区域内空气的对流换热作用更为剧烈，热交换现象也更为显著。此外，白天情况下，P3 气象站点还会受到湖泊水体对周边滨湖空间降温增湿作用的影响，周围的空气温度比其他两个气象站点要低。从综合模型的调试参数以及预测的结果来看，袋外误差率的降低并不会提升模型的精度，只有增加模型输入特征的数量和气象站周边的环境要素，并选择合适的袋外误差率作为参考标准，才能够取得比较理想的预测结果。

7.3.4 预测值与实际值的比较

7.3.4.1 站点实际空气温度值的比较

将滨水区域的 P3 气象站点以及位于树木区域的 P2 气象站点的空气温度值进行比较，二者实际值的比较如图 7-8 所示。由图可知，晴天情况下，大部分时间

P3 气象站点的温度值都高于 P2 气象站点。阴天情况下，大部分时间 P3 气象站点的温度值都低于 P2 气象站点。原因可能是 P3 气象站点离湖边较近，容易受到滨水区域内主导风向和水体降温的影响；P2 气象站点离湖边较远，不易受到滨水区域内主导风向和水体降温的影响。晴天时，两个站点的温度差距小；阴天时，两个站点的温度差较大。

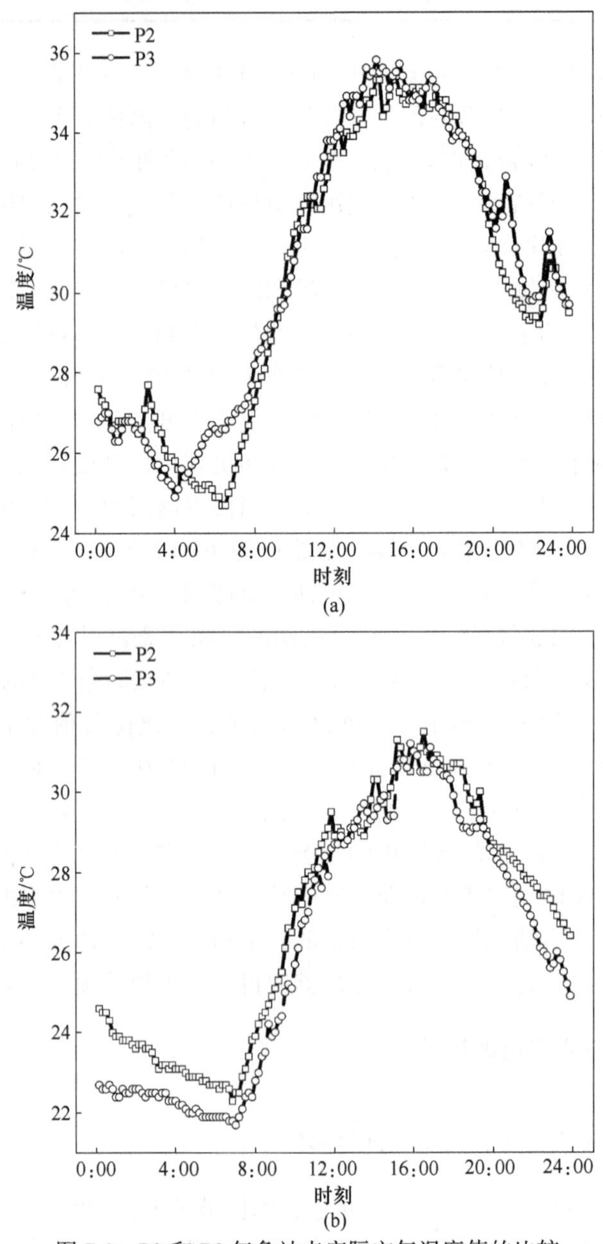

图 7-8　P2 和 P3 气象站点实际空气温度值的比较
（a）晴天；（b）阴天

为深入了解 P2 和 P3 气象站点在晴天和阴天的差别，做 0℃ 为界线的分隔线，进一步考察水体对周围热环境的影响。0℃ 线以上的点为 P2 气象站点高于 P3 气象站点的温度差值；0℃ 线以下的点为 P2 气象站点低于 P3 气象站点的温度差值。P2 与 P3 气象站点实际温度的差值如图 7-9 所示。从图中可以看到，晴天时，两气象站点空气温度差值范围为-1.8～1.8℃；阴天时，差值范围为-1.2～1.4℃。晴天时，0℃ 以上的温度差值小于阴天时 0℃ 以上的空气温度差值，这是

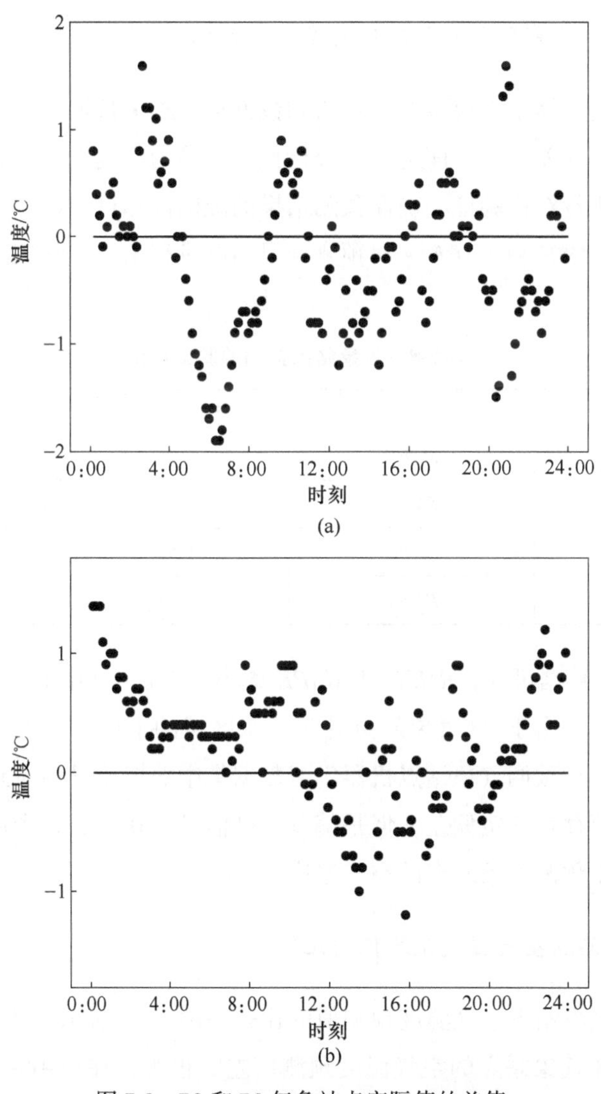

图 7-9　P2 和 P3 气象站点实际值的差值

（a）晴天；（b）阴天

因为 P3 气象站点周围有硬质路面，路面材料的比热容较小，太阳照射在路面上时，提高了路面上方的空气温度，与水体对空气降温效果相抵消，甚至产生负面的影响，这表明 P3 气象站点的空气温度受水体影响较小。夜间时，受湖泊水体向周围放热作用的影响，滨水区域的温度高于周边区域。阴天时，P2 和 P3 气象站点没有受到太阳辐射的影响，此时，P3 气象站点受水体对周围空间冷却降温作用的影响较大。

7.3.4.2　站点实际值与预测值的准确度验证

预测结果受机器学习模型本身算法和数据集中相关特征等因素的影响，与实际值会存在一定的差异，下面进一步分析预测结果的准确性，对典型日的预测数据和实测数据进行对比验证，确保预测结果的准确性和可行性。在实地监测数据的基础上采用 *RMSE* 和 *MAPE* 来对预测结果精度进行衡量，气象站点数据的验证结果见表 7-8。

表 7-8　气象站点数据的验证结果

天气	指标	P2 气象站点	P3 气象站点
晴天	*MAPE*	2.18%	3.01%
	RMSE	1.41℃	1.84℃
阴天	*MAPE*	1.94%	4.07%
	RMSE	1.13℃	1.56℃

由表 7-8 中数据可知，*RMSE* 和 *MAPE* 均小于 5%，其中 P2 气象站点的误差值更小。这可能是由于 P3 气象站点处于滨水区域的下风口位置，外加周围环境因素相对复杂，导致两气象站点机器学习数据集中数据差异性所致。尽管预测的结果与实测数值存在一定偏差，但是偏差最高值是 4.07%，这个误差值处于允许范围，可以用于预测气象站点的空气温度。

7.3.4.3　站点空气温度预测值的比较

P2 和 P3 气象站点空气温度预测值的比较如图 7-10 所示。晴天时，在 12:00 之前，P2 和 P3 气象站点的空气温度预测值差距很小，在12:00—22:00 时间段，P3 气象站点的空气温度预测值高于 P2 气象站点的空气温度预测值。阴天时，在 8:00—11:00 时间段，P2 气象站点的空气温度预测值高于 P3 气象站点的空气温度预测值，在 16:00—20:00 时间段，P3 气象站点的空气温度预测值高于 P2 气象站点的空气温度预测值。这可能是因为晴天太阳辐射相对较强，P3 气象站点所处位置乔木相对稀疏，受太阳辐射的影响较大，12:00 后 P3 气象站点的空气温度预测值高于 P2 气象站点。

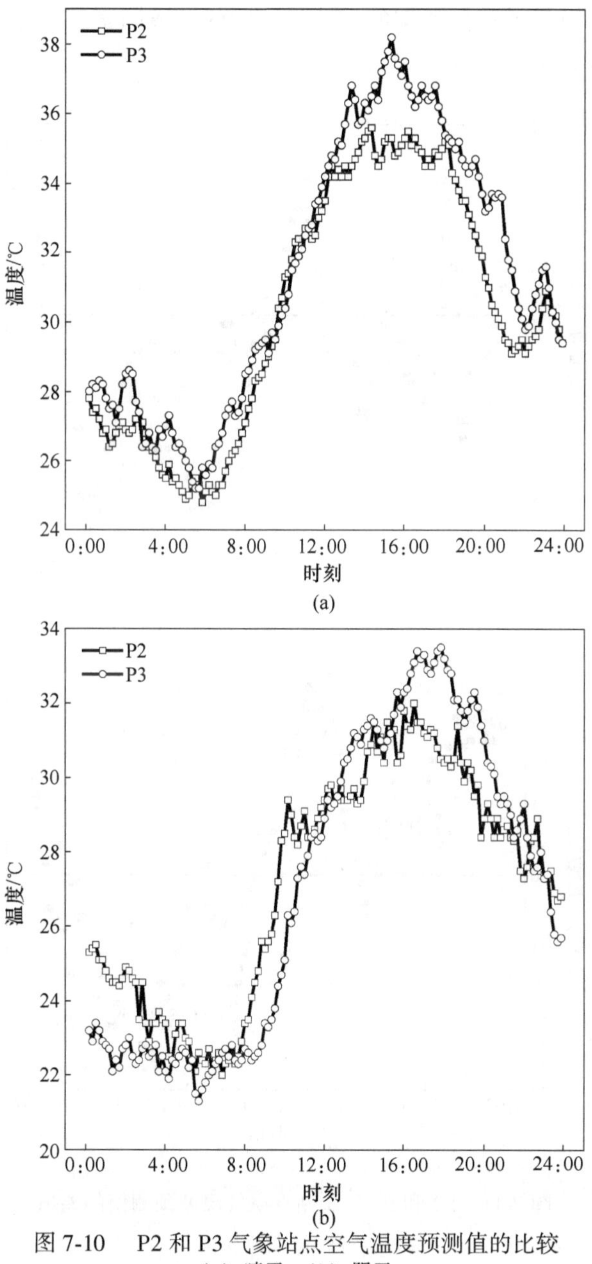

图 7-10　P2 和 P3 气象站点空气温度预测值的比较
(a) 晴天；(b) 阴天

P2 和 P3 气象站点空气温度预测值的差值如图 7-11 所示。从图中数据可以看到，晴天时，两个气象站点空气温度预测值的差值范围为-1.4～2.4℃，阴天时，空气温度预测差值的范围为-2.5～2.6℃。晴天时预测值差值相比实际值差值范围较小，阴天时预测值差值的波动范围较大。这可能是受到机器学习算法本身结构、数据集中各个特征数据的波动、周围的环境因素、气象因素等综合作用对预测值的影响所致。

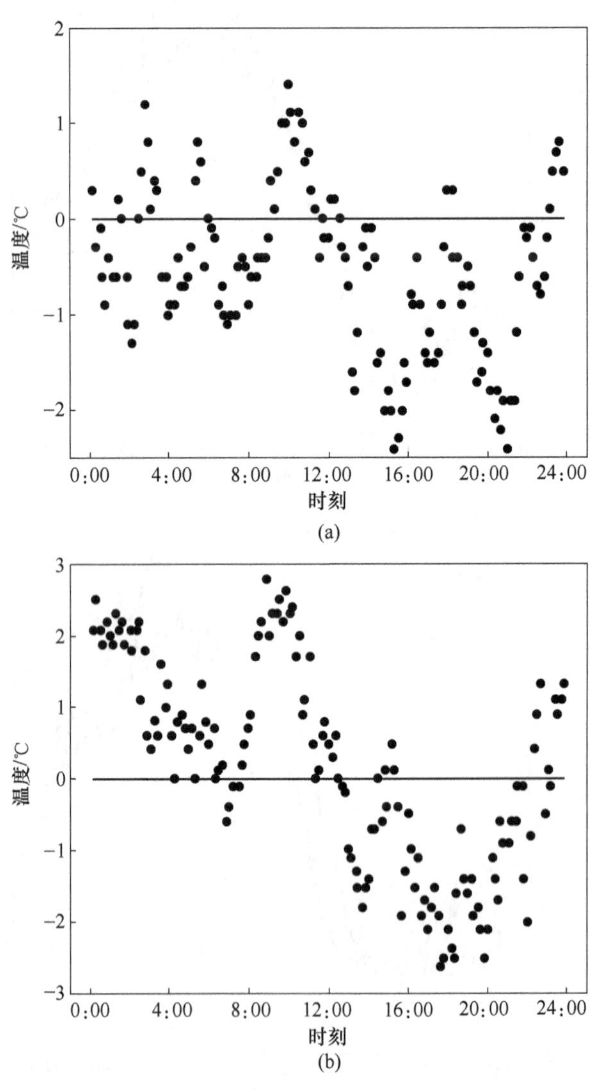

图 7-11　P2 和 P3 气象站点空气温度预测值的差值

（a）晴天；（b）阴天

参 考 文 献

[1] Warren S, Mcculloch, WalterPitts. A logical calculus of the ideas immanent in nervous activity [J]. Bulletin of Mathematical Biophysics, 1943, 5 (4): 115-133.

[2] 朱晶晶，赵小平，吴胜安，等．基于支持向量机的海南气温预测模型研究 [J]. 海南大学学报（自然科学版），2016，34（1）：40-44.

[3] Su H, Wu X, Yan X, et al. Estimation of subsurface temperature anomaly in the Indian Ocean during recent global surface warming hiatus from satellite measurements: A support vector machine approach [J]. Remote Sensing of Environment, 2015, 160: 63-71.

[4] Mohammadi K, Shamshirband S, Motamedi S, et al. Extreme learning machine based prediction of daily dew point temperature [J]. Computers and Electronics in Agriculture, 2015, 117: 124-225.

[5] Deka P C, Patil A P, Yeswanth Kumar P, et al. Estimation of dew point temperature using SVM and ELM for humid and semi-arid regions of India [J]. ISH Journal of Hydraulic Engineering, 2017, 24 (2): 190-197.

[6] Filgueiras, Roberto Mantovani, Everardo Chartuni Brant Dias, et al. New approach to determining the surface temperature without thermal band of satellites [J]. European Journal of Agronomy, 2019, 106: 12-22.

[7] 李建明，马燕飞，李仁杰，等．基于随机森林的海河流域地表温度降尺度 [J]. 遥感信息，2021，36（4）：151-158.

[8] Hutengs Christopher, Vohland, Michael. Down scaling land surface temperatures at regional scales with random forest regression [J]. Remote Sensing of Environment: An Interdisciplinary Journal, 2016, 178: 127-141.

[9] 邢立亭．基于不同机器学习法的黄土高原地区气温模拟比较研究 [D]. 兰州：西北师范大学，2021.

[10] 邢立亭，李净．基于遥感数据和随机森林算法的黄土高原地区气温模拟及时空变化 [J]. 山地学报，2020，38（6）：873-880.

[11] 白琳，徐永明，何苗，等．基于随机森林算法的近地表气温遥感反演研究 [J]. 地球信息科学学报，2017，19（3）：390-397.

[12] Breiman L. Random forests [J]. Machine Learning, 2001, 45 (1): 5-32.

[13] 周志华．机器学习 [M]. 北京：清华大学出版社，2016.

[14] Ao Yile, Li Hongqi, Zhu Liping, et al. The linear random forest algorithm and its advantages in machine learning assisted logging regression modeling [J]. Journal of Petroleum Science &

Engineering, 2019, 174: 776-789.

[15] Tibshirani Robert. Bias, Variance and prediction error for classification rules [J]. Monographs of the Society for Research in Child Development, 1996, 79: 1-17.

[16] Wolpert D H, Macready W G. An efficient method to estimate bagging's generalization error [J]. Machine Learning, 1999, 35 (1): 41-55.

[17] Everitt B S. Classification and Regression Trees [M]. New York: John Wiley & Sons Ltd., 2005.

[18] 张松林 . CART——分类与回归树方法介绍 [J]. 火山地质与矿产, 1997, 18 (1): 67-75.

[19] 曹建军, 刁兴春, 陈爽, 等 . 数据清洗及其一般性系统框架 [J]. 计算机科学, 2012, 39 (3): 207-211.

[20] Benhar H, Idri A, Fernandez-Aleman J L. Data preprocessing for heart disease classification: A systematic literature review [J]. Computer Methods and Programs in Biomedicine: An International Journal Devoted to the Development, Implementation and Exchange of Computing Methodology and Software Systems in Biomedical Research and Medical Practice, 2020, 195: 30.